SAMMLUNG GÖSCHEN BAND 1156/1156a

DIE KOMPLEXE BERECHNUNG VON WECHSELSTROMSCHALTUNGEN

von

DR. HANS HEINRICH MEINKE
o. Professor an der Technischen Hochschule München

Mit 120 Abbildungen

WALTER DE GRUYTER & CO.
vormals G. J. Göschen'sche Verlagshandlung · J. Guttentag, Verlagsbuchhandlung · Georg Reimer · Karl J. Trübner · Veit & Comp.
BERLIN 1957

SAMMLUNG GÖSCHEN BAND 1155

GRUNDRISS DER ALLGEMEINEN MIKROBIOLOGIE

von

PROF. DR. phil. habil. WILHELM SCHWARTZ

und

DR. rer. nat. ADELHEID SCHWARTZ

Institut für Mikrobiologie
der Ernst-Moritz-Arndt-Universität Greifswald

I. Teil

2., verbesserte und ergänzte Auflage

Mit 25 Abbildungen

WALTER DE GRUYTER & CO.

vormals G. J. Göschen'sche Verlagshandlung · J. Guttentag,
Verlagsbuchhandlung · Georg Reimer · Karl J. Trübner · Veit & Comp.

BERLIN 1960

Inhaltsverzeichnis

Seite

Aus dem Inhalt des zweiten Bandes:

C. Physiologie der Entwicklung:

I. Wachstum u. Wachstumsmessung — II. Faktoren des Wachstums — III. Der Entwicklungsgang u. seine Lenkung — IV. Vererbung u. Variabilität.

D. Physiologie der Bewegung:

I. Taxien — II. Tropismen — III. Andere Bewegungsvorgänge.

E. Ökologie:

I. Synergismus, Antagonismus, Metabiose — II. Eusymbiose u. Parasitismus.

F. Zeittafeln zur Geschichte der Mikrobiologie.

G. Übersicht über die mikrobiologische Literatur.

Häufig benutzte Abkürzungen

ADP, ATP	=	Adenosindi- u. Adenosintriphosphat
Asp.	=	Aspergillus
Bac.	=	Bacillus
Bact.	=	Bacterium, auch in Zusammensetzungen
...bact.	=	wie Lactobact.
Clostr.	=	Clostridium
CoA	=	Co-Enzym A
DNS	=	Desoxyribonucleinsäure
DPN	=	Diphosphopyridin-Nucleotid-Cozymase
Esch.	=	Escherichia
Microc.	=	Micrococcus
Pen.	=	Penicillium
Ps.	=	Pseudomonas
RNS	=	Ribonucleinsäure
Sacch.	=	Saccharomyces
Staph.	=	Staphylococcus
Streptoc.	=	Streptococcus
Streptom.	=	Streptomyces

Einleitung

Als Mikroorganismen oder Mikroben bezeichnet man die kleinsten, an der Wurzel des Tier- und Pflanzenreichs stehenden Lebewesen. Wir verstehen darunter Bakterien und Pilze, Protozoen, Cyanophyceen und die Einzeller unter den Algen, von denen wir hier nur die einfachsten Grünalgen behandeln. Der Begriff wird von manchen auch enger gefaßt und auf die ersten drei oder auch nur auf die ersten zwei Gruppen beschränkt.

Die Mikroben sind überwiegend Einzeller. Zu den Einzellern gehören die kleinsten Lebewesen, andererseits unter den Protozoen aber auch Formen, die so groß sind, daß wir sie ohne Mikroskop wahrnehmen können. Vielzelligkeit tritt unter den hier behandelten Organismen bei Pilzen und Cyanophyceen auf. Einzeller und Vielzeller sind durch Übergänge miteinander verbunden, einerseits durch Vielkernigkeit in einem Vegetationskörper, der nicht in Zellen unterteilt ist, oder durch Koloniebildungen der verschiedensten Organisationshöhe, andererseits durch zunehmende intrazellulare Differenzierung, die schließlich zur Entwicklung zahlreicher Zellorganellen bei hochstehenden Protozoen geführt hat.

Was uns berechtigt, Bakterien und Pilze als Vertreter des Pflanzenreichs und Protozoen als Vertreter des Tierreichs zu einer Einheit zusammenzufassen, sind in erster Linie Übereinstimmungen in der Lebensweise und in den Verhältnissen des Stoffwechsels, während die Einbeziehung der Cyanophyceen vor allem auf den cytologischen Verhältnissen beruht und die einzelligen echten Algen wiederum mehr nach allgemeinen ökologischen Gesichtspunkten als auf Grund bestimmter Einzeltatsachen hinzugenommen werden.

Die große Bedeutung der Mikroben, besonders der Bakterien und Pilze, für das gesamte organische Leben in der Natur liegt vor allem darin, daß sie an entscheidender Stelle in die

Kreislaufprozesse eingeschaltet sind, denen die am Aufbau der lebenden Substanz beteiligten Elemente, vor allem Kohlenstoff, Stickstoff und Schwefel, unterworfen sind.

Für den Menschen sind Mikroorganismen außerdem bedeutungsvoll als Erreger von Infektionskrankheiten, als wichtigste Ursache des Verderbens von Lebensmitteln, als Erreger zahlreicher wirtschaftlich wichtiger Gärungsvorgänge und schließlich durch ihr Eingreifen in Korrosionsvorgänge.

So wird die allgemeine Mikrobiologie, abgesehen von ihrer Bedeutung als Teilgebiet biologischer Forschung, zu einer unentbehrlichen Grundlage für gewisse Gebiete der Human- und Veterinärmedizin, der Land- und Forstwirtschaft, der landwirtschaftlichen Gewerbe, der technischen Chemie, der Lebensmitteltechnik.

Wie andere Zweige der Biologie, hat auch die Mikrobiologie ihren Ausgang von praktischen Fragen genommen, nachdem durch die Erfindung des Mikroskopes die Voraussetzung für das Erkennen kleinster Lebensformen gegeben war. LEEUWENHOEK war der erste, von dem wir mit Sicherheit wissen, daß er unter seinen selbstgefertigten Mikroskopen Bakterien, Protozoen, mikroskopische Pilze gesehen, untersucht und beschrieben hat (1673).

Mehr als anderthalb Jahrhunderte mikrobiologischer Forschung waren überwiegend mit beschreibenden Untersuchungen ausgefüllt und mit der Ermittlung der einfachsten systematischen Zusammenhänge, und nur vereinzelt kam es zu den ersten Anfängen experimenteller Forschung. Erst in der zweiten Hälfte des vorigen Jahrhunderts setzte eine stürmische Entwicklung ein, an der Forscher aller Kulturvölker Anteil hatten. Sie nahm ihren Ausgang von medizinischen und landwirtschaftlich-technischen Fragen und ist an die Namen PASTEUR, KOCH, LISTER, BEIJERINCK, WINOGRADSKY und vieler anderer geknüpft. Das Wesen der Infektionskrankheiten bei Menschen, Tieren und Pflanzen wurde erkannt. In zahlreichen Fällen ließen sich die Erreger ermitteln und kultivieren, Gärungsvorgänge ließen sich auf Mikroben zurückführen, das Vorkommen der Urzeugung unter den heute auf der Erde herrschenden Bedingungen wurde auch für Bakterien endgültig widerlegt, Kultur- und Färbemethoden wurden ausgearbeitet. Die Bakterien standen im Mittelpunkt, doch waren auch die übrigen Gebiete der Mikrobiologie an dieser Entwicklung beteiligt.

In den ersten Jahrzehnten des 20. Jahrhunderts wirkten sich die großen Erkenntnisse des vorhergegangenen Zeitabschnittes weiter aus. Vor allem entwickelten sich jedoch, von früheren Anfängen ausgehend, die physiologisch-chemischen, serologischen und immunbiologischen Forschungsrichtungen, gebunden an Namen wie Behring, Ehrlich, Euler, Neuberg, Warburg, Wieland und ermöglichten uns ein tieferes Eindringen in die Vorgänge des Stoffwechsels der Mikroben. Die Chemotherapie der Infektionskrankheiten, besonders der Bakterien- und Protozoeninfektionen, hat aus der Erforschung der Mikroben-Wuchsstoffe und ihrer Antagonisten wertvolle Anregungen erhalten. Die Entdeckung antibiotischer Substanzen durch Fleming, Waksman und andere hat der Therapie neue Mittel an die Hand gegeben. Auch hier gehen die ersten Ansätze zur Erkenntnis der Bedeutung antagonistischer Beziehungen weit zurück bis auf Pasteur (1877), Wehmer (1891), Loew (1899) usw. Mikroorganismen dienen ferner mehr und mehr als Objekte für die Bearbeitung biochemischer und physiologischer Probleme von allgemeiner naturwissenschaftlicher Bedeutung, so z. B. auf dem Gebiet der Genetik.

Neuerdings tritt die ökologische Forschung, ebenfalls mit experimentellen Fragestellungen, wieder mehr in den Vordergrund.

Viele der im Zusammenhang mit Fragen und Forderungen der Praxis erzielten Ergebnisse hätten auch als Grundlage für den Ausbau der allgemeinen Mikrobiologie als einer selbständigen Wissenschaft dienen können. Diese Entwicklung blieb jedoch zunächst aus. Die Teilgebiete blieben getrennt, die Protozoenkunde als Teilgebiet der Zoologie, Mykologie und Algenkunde als Teilgebiete der Botanik mit einer anfangs vorwiegend entwicklungsgeschichtlich-systematisch, später zunehmend experimentell-physiologisch betriebenen Forschung. Und die Bakterien wurden sowohl von der Medizin wie von der Landwirtschaft und Botanik beansprucht, stets jedoch nur in dem Ausmaß, wie sie für diese Wissenschaften von Bedeutung waren.

Erst in den letzten 10 Jahren haben die lebhafte Entwicklung und ständig zunehmende Bedeutung der Mikrobiologie allmählich dazu geführt, daß die Loslösung von anderen biologischen Fachgebieten vollzogen worden ist. Mikrobiologie ist zu einer eigenen Wissenschaft mit eigenen Fachinstituten geworden.

A. Morphologie und Systematik

I. Eubakterien

1. Morphologie der Eubakterien

Zellgestalt. Die Grundformen der Bakterienzelle sind denkbar einfach: Kugelform und cylindrisches, kürzeres oder längeres, an den Enden mehr oder weniger abgerundetes oder spitzes Stäbchen, das gerade, in einer Ebene gekrümmt oder als Schraube oder auch nur als Teil einer solchen ausgebildet sein kann. Das Verhältnis von Quer- zu Längsdurchmesser schwankt bei den Stäbchen so weitgehend, daß man neben schlanken Lang- und Kurzstäbchen auch Formen findet, bei denen die beiden Durchmesser der Zelle sich nur um einen geringen Betrag unterscheiden. Stellt die Zelle nur einen kommaförmig erscheinenden Teil einer Schraubenwindung dar, so spricht man von einem Vibrio, Zellen mit engen oder weiten Schraubenwindungen heißen Spirillen. Einfach stäbchenförmige Zellen werden je nach ihrer taxonomischen Zugehörigkeit als *Bacterium*, *Bacillus*, *Clostridium* usw. bezeichnet, kugelförmige Zellen (Kokken) als *Micrococcus*, *Staphylococcus*, *Streptococcus*, *Sarcina* usw. (Abb. 1)[1]). Dazu kommen von den Grundformen abweichende Zellen: Bei *Corynebacterium* keilförmige, keulen- oder hantelförmige Zellen; bei *Mycobacterium* hin und wieder verzweigte Stäbchen neben unverzweigten dünnen, oft etwas gebogenen Stäbchen.

Zellgröße. Die Zellgröße, besonders die Längsausdehnung schwankt sehr stark, so daß es schwer fällt, mittlere Maße anzugeben (Tab. 1). Sie variiert selbst bei der gleichen Bakterienart in Abhängigkeit von den Kulturbedingungen und vom Alter der Kultur. Der Querdurchmesser beträgt im allgemeinen etwa 1 μ. Die Zellen der kleinsten Arten stehen

[1]) Sämtliche Zeichnungen wurden von Dipl. Biol. R. SUCKOW angefertigt.

mit einem Durchmesser von 0,4 bis 0,2 μ an der Grenze des Auflösungsvermögens unserer Mikroskope, das bei Ver-

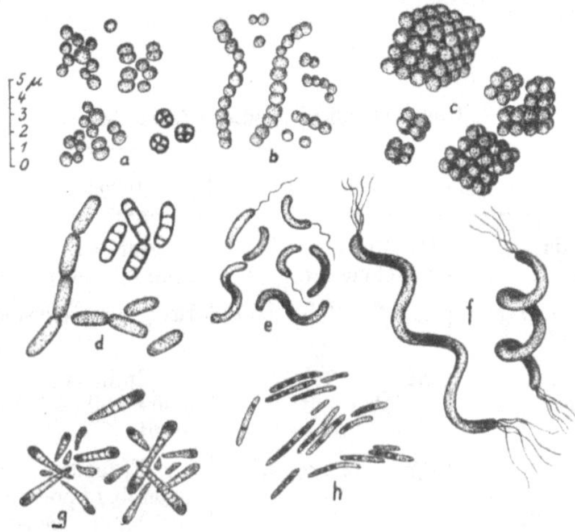

Abb. 1. Grundformen der Bakterienzelle. a: *Staphyloc.* (*Microc.*) *aureus*, rechts drei Zellen nach Zellwandfärbung, Querwandbildung zeigend. b: *Streptoc. pyogenes*. c: *Sarcina flava*. d: *Bac. megaterium*, oben vier Zellen mit Zellwandfärbung, Querwände zeigend. e: *Vibrio aquatilis*. f: *Spirillum undula*. g: *Corynebact. diphtheriae*. h: *Mycobact. tuberculosis*. (g u. h unregelmäßig gefärbt, mit metachromatischen Einschlüssen).

wendung gewöhnlicher Lichtquellen bei einem Abstand von 0,27 μ liegt und bei Verwendung des kurzwelligen ultravioletten Lichtes auf etwa 0,19 μ erweitert werden kann. In diesem Bereich scheint auch die natürliche untere Grenze der Zellgrößen bei den Bakterien zu liegen. Wir kennen keine Bakterienart, deren gesamter Entwicklungsgang unterhalb dieser Grenze, also im Ultravisiblen, bezogen auf unsere lichtoptischen Hilfsmittel, verläuft. Dagegen ist bei manchen Bakterienarten das Vorhandensein von Entwicklungsstadien wahrscheinlich, die diese Grenze unterschreiten und Membranfilter passieren, von denen auch die kleinsten sichtbaren Zellen zurückgehalten werden. Im Entwicklungsgang von

Mycoplasma mycoides, dem Erreger der Rinder-Pleuropneumonie, sollen derartige „Elementarteilchen“ von etwa 0,1 μ Durchmesser auftreten. Als L-Formen sollen sie unter der Einwirkung von Giften bei vielen Bakterien entstehen und zu Zellen von normaler Größe regenerieren.

Tab. 1. Größenverhältnisse einiger Bakterienarten

Name	Größe	Bemerkungen
Rickettsia quintana	0,2–0,4 μ Durchmesser	Erreger des Fünftagefiebers
Erysipelothrix insidiosa	0,2–0,4 : 0,5–2,5 μ	Erreger des Erysipels
Nitrobacter winogradskii	0,6–0,8 : 1,0–1,2 μ	Im Erdboden weit verbreitet, bildet Nitrat aus Nitrit
Clostridium pasteurianum	0,9–1,7 : 3,5–4,7 μ	Im Erdboden lebender anaerober Sporenbildner, bindet elementaren Stickstoff
Bacillus megaterium	1,2–1,5 : 2,0–4,0 μ	Im Erdboden lebender aerober Sporenbildner
Spirillum volutans	1,5 : 13–14 μ	In Sumpfwasser und faulenden Flüssigkeiten
Thiospirillum jenense	2,5–4 : 30–40 (–100) μ	In Schwefelwasserstoffhaltigem Schlamm und Wasser. Gehört zu den Schwefelpurpurmikroben

Eine wesentliche Erweiterung unserer Möglichkeiten zur Erforschung der kleinsten Lebensformen, wie überhaupt der cytologischen Verhältnisse bei den Bakterien und anderen Mikroorganismen, bedeutet die Anwendung des Elektronenmikroskopes, dessen Auflösungsvermögen um ein Vielfaches höher ist als das der lichtoptischen Instrumente und bei biologischen Objekten im allgemeinen bis etwa 30 Å[1]) ausgenutzt werden kann.

Polymorphie und Involutionsformen. Manche Arten und Gattungen fallen durch eine besondere Mannigfaltigkeit der Zellformen auf. Mit der im vorigen Jahrhundert von einigen Mikrobiologen angenommenen Umwandlung der Arten ineinander, die als Pleomorphie bezeichnet wurde, hat diese Erscheinung nichts zu tun. In Reinkulturen von *Corynebact. diphtheriae* treten z. B. lange und kurze, gerade und gebogene Stäbchenformen, an einem oder an beiden Enden keulenförmig verdickte Zellen nebeneinander auf. Die im Erdboden vorkommenden *Arthrobacter*-Arten verhalten sich ähnlich. Auch die durch ihre Kleinheit auffallenden Rickettsien sind pleomorph. Sie leben als kokkoide, ellipsoidische, stäbchenförmige Zellen oder in Fadenform meist intrazellulär als Symbionten oder Parasiten in Arthropoden (Zecken, Läusen usw.). Einige Arten werden auf den Menschen übertragen und verursachen Krankheiten; so ist z. B. *Rickettsia prowazeki* der Erreger des Fleckfiebers.

Neben den klassischen Grundformen der Bakterienzelle finden wir bei zahlreichen Arten, besonders in alten, aber auch in jungen, noch in vollem Wachstum begriffenen Kulturen, völlig abweichende bläschenförmige, ring- oder keulenförmige oder ganz unregelmäßige, auch verzweigte Zellformen. Ihre Deutung ist schwierig, man pflegt sie als *Involutionsformen* zu bezeichnen (Abb. 2).

In vielen Fällen wird es sich tatsächlich, wie der Name Involutionsformen zum Ausdruck bringt, um degenerative, nicht mehr teilungsfähige Zellen handeln, in anderen Fällen steht noch offen, ob nicht etwa regelmäßig auftretende, in den Entwicklungsgang der betreffenden Art gehörende Zellformen vorliegen.

Vermehrung. Die typische Vermehrungsform der Bakterien ist die Querteilung. Auf festen Substraten können die Zellen nach der Teilung aneinander vorbeigleiten, oder sie lagern sich V-förmig oder parallel zueinander.

---

[1]) 1 Å (Ångström) = 0.1 mμ (1 mμ = 10^{-6} mm)

Bei vielen Arten von Stäbchen kann bei anhaltendem Längenwachstum der Zellen zeitweise die Querteilung unter-

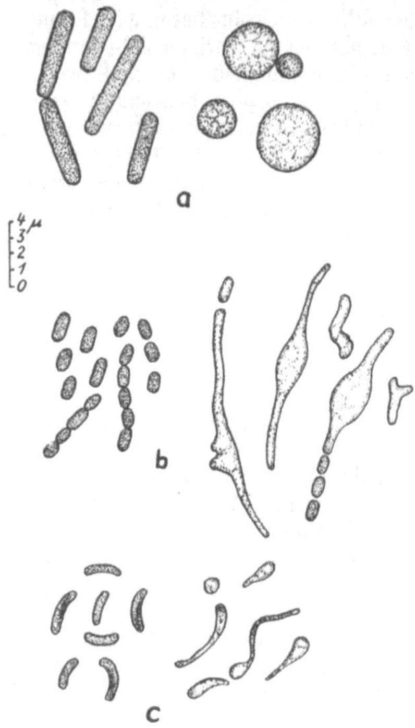

Abb. 2. **Involutionsformen** bei **Bakterien** (links junge Zellen, rechts Involutionsformen) a: *Bac. mycoides*. b: *Acetobacter aceti*. c: *Vibrio comma*.

bleiben oder unvollständig verlaufen, so daß Fadenformen oder Ketten von Zellen entstehen. In anderen Fällen bleibt zwischen den Tochterzellen einige Zeit eine Plasmabrücke (Plasmodesma) erhalten. Bei großen Stäbchen- und Kokkenformen läßt die Färbung der Zellwände mit Kristallviolett nach Beizung mit Tannin häufig erkennen, daß sie sich bereits geteilt haben und aus mehreren Zellen bestehen (Abb. 1). Bei Kokken gibt es in bezug auf die Lage der Teilungsebene verschiedene Möglichkeiten: Die Querteilung erfolgt vorwiegend nur in einer Richtung des Raumes, so daß die kettenförmigen Zellverbände der Gattung *Streptococcus* entstehen. Auf drei aufeinander senkrecht stehende Teilungsrichtungen treffen wir bei den würfelförmigen Zellverbänden der Gattung *Sarcina.* Bei den Gattungen *Micrococcus* und *Staphylococcus* wechselt das Verhalten: teils herrschen zwei aufeinander senkrecht stehende Richtungen vor, so daß Zweier- und Vierergruppen entstehen (Diplokokken, Pediokokken), teils bilden sich durch wechselnde Lage der Teilungsebene unregelmäßige Zellhaufen (*Staphylococcus*) (Abb. 1)..

Ob neben der Querteilung andere Formen der Vermehrung regelmäßig auftreten, ist noch unsicher. Bei *Clostridium* ist ein der Hefesprossung vergleichbarer Vorgang beobachtet worden. Sexualprozesse sind neuerdings auch bei Bakterien nachgewiesen worden.

Eigenartige vorübergehende Verschmelzungen mehrerer Zellen, die unter dem Namen „Sternbildung“ bekannt geworden sind, lassen noch keine entwicklungsgeschichtliche Deutung zu. Nach dem Verlauf von Vererbungsversuchen muß jedoch das Vorkommen von vorübergehenden paarweisen Verschmelzungen von Zellen (Konjugation), verbunden mit dem Austausch von Genen, angenommen werden (vgl. Tl. II).

S p o r e n. Als Dauerformen finden wir bei vielen Bakterien Sporen, die in der Zelle überwiegend in Einzahl angelegt werden, wobei die sporenbildende Zelle (Sporangium) bei manchen Arten eine Formänderung erleidet. Sporenbildung ist ein charakteristisches Merkmal der Gattungen *Bacillus* und *Clostridium.* Bei Kokkenformen sind Sporen selten zu finden; sie kommen z. B. bei *Sporosarcina ureae* vor. Sporenbildung setzt meist ein, wenn nach Perioden lebhafter Vermehrung die Lebensbedingungen allmählich ungünstig werden. Die Sporen der Bakterien sind Dauerzellen. Verglichen mit vegetativen Zellen, vertragen sie Hitze und Trockenheit besser und sind widerstandsfähiger gegenüber Giften. In bezug auf die chemische Zusammensetzung unterscheiden sie sich ebenfalls von gewöhnlichen Zellen. Zum mindesten sind sie wasserärmer, obgleich dies neuerdings wieder angezweifelt wird. Die Lichtbrechung ist hoch. Die Zellwand ist dicker als die einer vegetativen Zelle. Sie ist einschichtig oder zweischichtig und besteht dann aus einer zuweilen mit einer Skulptur versehenen äußeren (Exine) und aus einer inneren Schicht (Intine). Bei nicht sporenbildenden Arten können einzelne vegetative Zellen sich wie Dauerzellen verhalten, ohne indessen die hohe Resistenz der meisten Sporen zu erreichen.

Die Keimung wird durch Wasseraufnahme, Quellung und Sprengung der äußeren Sporenwand eingeleitet (Abb. 3).

Stielbildungen, mit denen die Zellen am Substrat haften, sind bei Bakterien wenig verbreitet. An den Standorten von Eisenmikroben findet man die bandartigen, tordierten und verzweigten Stiele von *Gallionella ferruginea* (vgl. S. 99, Abb. 24). Die Zellen sitzen als bohnenförmig gebogene Stäbchen mit der konkaven Längsseite am Stielende. Jeder Zellteilung entspricht eine Verzweigung des Stieles. Bei der Gattung *Caulobacter* scheiden die Zellen die Stielsubstanz an einem Zellende ab; sie sitzen einzeln an der Spitze des Stieles.

Kolonien. Auf oder in den im Laboratorium benutzten Agar- oder Gelatine-Nährböden bilden die durch zahllose Teilungsvorgänge entstandenen Zellen eine Kolonie, deren Merkmale, wie Größe, Umriß, Oberflächenbeschaffenheit, Farbe, zur Kennzeichnung der einzelnen Bakterienarten herangezogen werden.

Auch in flüssigen Medien können Kolonien entstehen, deren Beschaffenheit nach der Art der Bakterien und nach den örtlichen Verhältnissen wechselt. Sie werden Zooglöen genannt. Zähe, häutige Zooglöen entstehen, wenn wir Wein durch bestimmte Essigbakterien vergären lassen (*Acetobacter xylinum*). Gallertartige, an Froschlaich erinnernde Zooglöen bildet *Leuconostoc mesenterioides*, der gelegentlich als Schädling in Zuckerfabriken auftritt. *Bact. mannitopoeum* und einige andere Arten bilden in gerbstoffhaltigem Obstwein kugelförmige, einen Durchmesser bis 2 cm erreichende Zooglöen (Bakterienblasen).

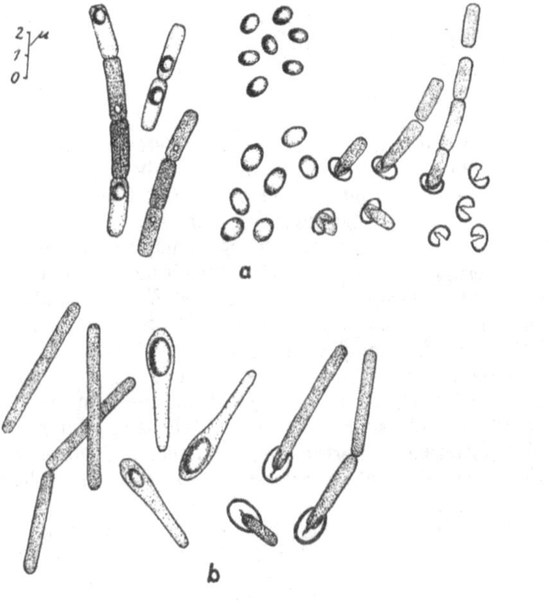

Abb. 3. Bakteriensporen. a: *Bac. subtilis*, Zellketten mit Sporen in verschiedenen Entwicklungsstadien. Mitte oben ruhende Sporen, unten Quellung und Keimung der Sporen. Die Exine wird von dem auswachsenden Keimstäbchen in der Sporenmitte gesprengt (aequatoriale Keimung). b: *Clostr. pasteurianum*. Langstäbchen und keulenförmige Sporangien mit Sporen. Rechts aus einem Ende der Spore auswachsendes Keimstäbchen (polare Keimung).

2. Cytologie der Eubakterien

Untersuchungsmethoden. Ein wichtiges Hilfsmittel bei der Untersuchung der Zellen von Bakterien und anderen Mikroorganismen sind die Färbemethoden. Der hohe Gehalt an sauren Bestandteilen (Nucleinsäuren) bewirkt, daß die Zellen besonders basische Farbstoffe binden. Meist gelingt es ohne Schwierigkeiten, abgetötete, fixierte Zellen mit Lösungen basischer Anilinfarbstoffe wie Fuchsin, Methylenblau, Gentianaviolett, z. T. unter Zugabe von Carbolsäure, anzufärben. In großer Zahl sind Spezialmethoden ausgearbeitet worden, um einzelne Zellbestandteile oder Sporen und andere schwer färbbare Zellen nachzuweisen. Bei der GRAMfärbung ist das Verhalten gegenüber Farbstoffen zu diagnostischen Zwecken herangezogen worden. Grampositive Zellen werden nach Färbung mit Kristallviolett oder anderen Triphenylmethanfarbstoffen und Behandlung mit Jodjodkalium-Lösung durch Alkohol oder Aceton nicht entfärbt; Gramnegative geben den Farbstoff an das Lösungsmittel ab. Das Wesen der GRAMfärbung ist noch nicht völlig ergründet. Ein in der Nähe der Zelloberfläche gelegenes Ribonucleinsäure-haltiges Proteid scheint bei grampositiven Zellen den Farbstoff-Jod-Komplex zu binden. Grampositiv sind z. B. Sporenbildner, Mycobakterien, Actinomyceten und die Mehrzahl der Kokken, gramnegativ *Spirillum* und *Vibrio*, einige Kokken *(Neisseria)*, *Azotobacter*, *Pseudomonas*, *Rhizobium* und die Mehrzahl der sonstigen nicht-sporenbildenden Stäbchen. Weitere wichtige Hilfsmittel zur Untersuchung der feineren Struktur der Zelle sind das Phasenkontrastmikroskop und das Elektronenmikroskop.

Bau der Zelle. Wie bei der überwiegenden Zahl der Pflanzenzellen ist auch bei der Bakterienzelle der Protoplast von einer Zellwand umgeben. Der Protoplast besteht aus dem Cytoplasma mit seinen verschiedenartigen Einschlüssen und aus einem dem Zellkern der höheren Organismen entsprechenden Gebilde, dem Nucleoid oder Zellkern-Aequivalent. Chromatophoren fehlen selbst bei den zu den Schwefelpurpurmikroben und Purpurmikroben gehörenden Arten, bei denen die grünen und roten Farbstoffe (Chlorophyll und Carotinoide) in submikroskopischer Verteilung als Einschlüsse von etwa 0,05 μ Durchmesser im Cytoplasma enthalten sind.

Zellwand. Das Sichtbarmachen der Zellwand gelingt z. B. bei der lebenden Zelle durch Ablösen des Protoplasten von der Zellwand durch Plasmolyse (vgl. Abb. 22, S. 76) oder an

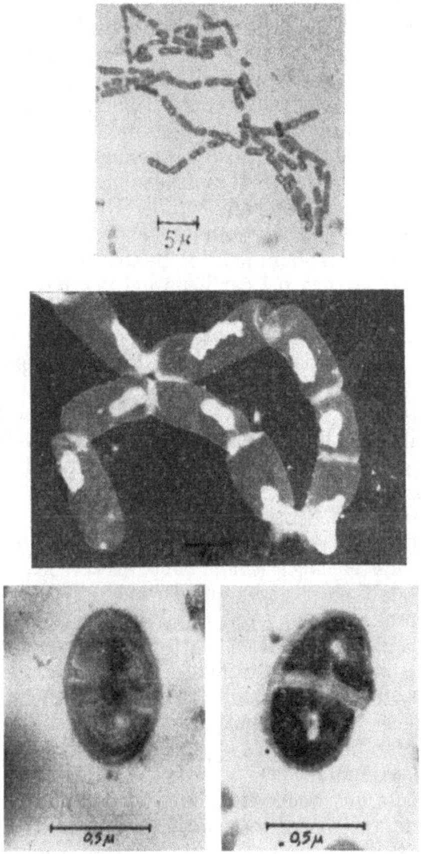

Abb. 4. Zellwand der Bakterienzelle. a, b *Bac. megaterium*, c *Micrococcus sp.* (Aufnahmen G. Bartsch). a: Zellwandfärbung nach Webb, lichtoptisch, Endvergr. 1450 : 1. b: Zellen während 60 Min. mit Trypsin verdaut, Zellwände mit Resten des Protoplasten, elektronenoptisch, schrägbedampft Pd Winkel 15°, Endvergr. 6000 : 1. c: beginnende (links) und abgeschlossene Querwandbildung, Ultradünnschnitt, elektronenoptisch, Endvergr. 27 000 : 1.

fixierten Zellen durch Anwendung besonderer Färbemethoden (Abb. 4a). Unter dem Elektronenmikroskop läßt sich die Zellwand z. B. darstellen, wenn man zuvor den Protoplasten mit Trypsin verdaut (Abb. 4b). Bei der Teilung der Zellen wächst die Querwand irisblendenartig von der Peripherie der Zelle, wo sie an die alte Wand ansetzt, gegen das Innere der Zelle (Abb. 4c). Über die chemische Zusammensetzung ist nicht allzuviel bekannt. In der Hauptsache handelt es sich um Polysaccharide, vielleicht vom Typ der Hemicellulose; hinzu kommen Uronsäuren, Glucosamin, Proteide und Lipoide. Chitin scheint in der Zellwand der Bakterien zu fehlen. Man nimmt an, daß es sich bei der Zellwand der Bakterien nicht allein um ein totes Ausscheidungsprodukt der Zelle handelt, sondern daß sie zum Teil als lebender Bestandteil des Protoplasten anzusehen ist. Nach elektronenmikroskopischen Messungen wird die Dicke zu etwa 8—30 mμ angenommen. Vom Vorhandensein der Zellwand hängt die Formbeständigkeit der Zelle ab; andererseits ist die Zellwand elastisch und, zum mindesten bei manchen Arten, dehnbar. Außerhalb der eigentlichen Zellwand ist bei vegetativen Zellen, nicht bei Sporen, eine dünne Schleimhülle vorhanden, die meist ohne scharfe Grenze in das umgebende wäßrige Medium übergeht, in anderen Fällen jedoch eine etwas größere Dichte aufweist und die Gestalt einer gegen die Umgebung deutlich abgesetzten Kapsel annimmt (Abb. 5). Wieder in anderen Fällen fließen die Gallerthüllen benachbarter Zellen zu einer gemeinsamen Schleim- oder Gallertmasse zusammen, wie sie uns auch bei Zooglöen entgegentritt (Abb. 5). Die Schleimhüllen sind nicht-lebende Bestandteile der Zelle. Sie entstehen durch Verquellen der Zellwand, oder sie werden vom Cytoplasma ausgeschieden. Die Schleim-, Gallert- und Kapselbildungen bestehen meist aus hochmolekularen Kohlenhydraten (Dextrane, Lävulane usw.), die in manchen Fällen auch Hyaluronsäure und Glucosamin enthalten; seltener kommen Polypeptide vor. Aus Dextran bestehen z. B. die Schleimmassen, die *Leuconostoc mesenterioides* in Saccharose-haltigen Nährlösungen in großen Mengen bildet. Polysaccharide mit und ohne Glucosamin sind in den Kapseln der Pneumokokken enthalten.

Die Kapsel des Milzbrand-Erregers, *Bac. anthracis*, besteht aus einem Polypeptid, das aus d-Glutaminsäure aufgebaut ist. In einzelnen Fällen, bei einigen Essigbakterien (z. B. *Acetobacter xylinum*) und bei *Sarcina ventriculi* wird echte

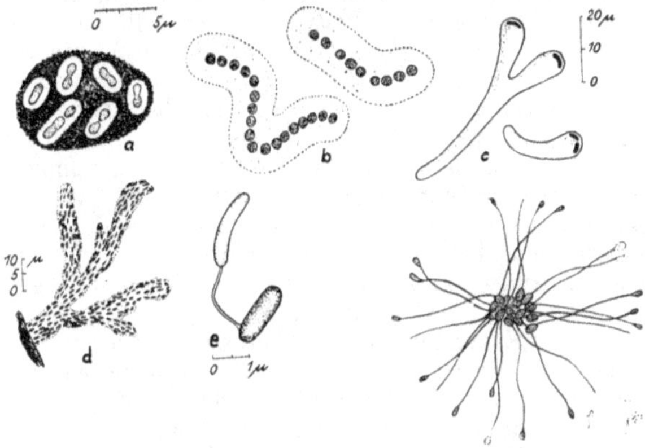

Abb. 5. Schleim- und Stielbildungen bei Bakterien. a: Kapsel bei Pneumokokken (*Diplococcus pneumoniae*) Tuschepräparat, Kapseln erscheinen als helle Höfe um die Zellen. b: Zooglöa von *Leuconostoc mesenterioides*. c: Einseitige, stielartige Schleimabscheidungen bei *Nevskia pediculata*. d: Verzweigte Zooglöa („*Zoogloea ramigera*“) aus Abwasser mit stäbchenförmigen Zellen. e: *Caulobacter spec.* mit dem Stiel auf einer Bakterienzelle haftend (Nach Houwink). f: *Hyphomicrobium vulgare*, stäbchenförmige Zellen mit fadenförmigem Stiel.

Cellulose gebildet. Bei *Acetobacter xylinum* bestehen die zähen, häutigen Decken, die auf sauer gewordenem Wein zu sehen sind, aus Cellulose, die charakteristische Röntgen-Diagramme gibt und im Elektronenmikroskop typische fibrilläre Strukturen zeigt.

Bei der Gattung *Mycobacterium*, besonders bei den pathogenen Arten, sind Wachse und Fette in die äußeren Zonen des Cytoplasmas und in die Zellwand eingelagert. Sie machen die Zellwand schwer durchlässig, so daß Farbstofflösungen schlecht eindringen. Andererseits geben solche Zellen, wenn sie z. B. mit heißer Karbolfuchsinlösung angefärbt worden sind, den Farbstoff erheblich langsamer ab als andere Zellen, aus denen er durch verdünnte Säure ausgewaschen werden kann. Hierauf beruht die Methode der Färbung säurefester Zellen. Löst man die Wachse auf chemischem Wege aus der Zelle heraus, so geht die Säurefestigkeit verloren. Ähnliches färberisches Verhalten zeigen die Bakteriensporen. Hier muß die Sporenwand erst durch eine Beizung, z. B. mit Chromsäure, vorbehandelt werden, ehe die heiße Farblösung eindringt. Auch hier ist die Färbung säurefest.

Cytoplasma. Auch das Cytoplasma der Bakterienzelle besitzt an seiner Oberfläche wie das der höheren Pflanzen eine semipermeable Hautschicht, von der Aufnahme und Abgabe gelöster Stoffe reguliert werden. Das Cytoplasma besteht in der Hauptsache aus Eiweißkörpern und Lipoiden. In die hyaline, halbflüssige, kolloidale Lösung können feine körnchenförmige Einschlüsse und Vakuolen mit Reservestoffen oder mit wäßrigem Zellsaft eingelagert sein. Als Zentren der Enzymtätigkeit (Dehydrasen, Cytochromsystem) werden feinste Einschlüsse aufgefaßt, von denen Tetrazolium-Farbstoffe reduziert werden. Vielleicht entsprechen sie den Mitochondrien größerer Zellen (vgl. Abb. 7 c).

Farbstoffe, die bei vielen Bakterien vorkommen, sind, abgesehen von Assimilationsfarbstoffen, diffus im Cytoplasma verteilt, können aber auch in der Zellwand lokalisiert sein. Die rote *Serratia marcescens* (*Bact. prodigiosum*), die sich allmählich dunkel färbenden Kolonien von *Azotobacter chroococcum*, sind Beispiele für farbstoffbildende Arten. Außerdem gibt es Farbstoffe, die zwar in der Zelle entstehen, aber an die Umgebung abgegeben werden, etwa das gelbgrün fluoreszierende Fluorescein bei *Pseudomonas fluorescens* oder das blaugrüne Pyocyanin bei *Ps. aeruginosa.*

Nach ihrer chemischen Zusammensetzung gehören die Bakterienfarbstoffe recht verschiedenen Gruppen an. Chlorophylle, Karotinoide, Melanine, Benzochinon- und Phenazinderivate sind nachgewiesen worden. Manche mögen Exkrete sein, andere stehen zur Atmung in Beziehung oder sind Assimilationsfarbstoffe wie die Chlorophylle der höheren Pflanzen. Ein Melanin färbt die Zellwände in alten *Azotobacter*-Kulturen bräunlich. Prodigiosin enthält Pyrrolkerne, Pyocyanin ist ein

Phenacin-Derivat. Gelbe und orange gefärbte, wasserunlösliche Karotinoide sind bei Kokken verbreitet. Bakterienchlorophyll und Karotinoide, z. B. das rote Spirilloxanthin, sind bei den rot bis violett gefärbten Arten aus den ökologischen Gruppen der Schwefelpurpur- und Purpurmikroben vorhanden.

Reservestoffe. Als Reservestoffe sind Fette, die Kohlenhydrate Glykogen und Granulose (Iogen) und Volutin zu erwähnen. Der Gehalt der Zellen an Lipiden[1] (Neutralfetten, Phosphatiden, Sterinen, Wachs) kann recht erheblich sein; bei *Mycobacterium tuberculosis* wurden z. B. bis 40% wachsartige Substanzen in der Trockensubstanz gefunden. Nicht immer sind fettartige Substanzen als Reservestoffe anzusehen. Die Volutingranula sind RNS-Reserven, enthalten vielleicht auch energiereiche Metaphosphate. Entsprechend seiner chemischen Zusammensetzung verhält sich Volutin basischen Farbstoffen gegenüber wie Nucleoide; es wurde daher früher oft mit Zellkernen verwechselt („metachromatische Körper"). Beide zeigen Metachromasie: Sie färben sich abweichend vom Cytoplasma. Häufig tritt Volutin in der Zelle in charakteristischer Lagerung in Form von polar gelegenen Einschlüssen auf („Polkörperchen"), denen bei *Corynebacterium diphtheriae* diagnostische Bedeutung zukommt (vgl. Abb. 1 g, h).

Geißeln. Aus dem Cytoplasma gehen die Geißeln der beweglichen Bakterien hervor. Sie bestehen aus einem fibrillär gebauten Protein, vergleichbar dem Actomyosin der Muskeln. Nach Untersuchungen unter dem Elektronenmikroskop stehen die Geißeln durch feine Öffnungen in der Zellwand mit dem Cytoplasma in Verbindung (Abb. 6). Einzeln (monotrich) oder in Gruppen (lophotrich) sitzen sie polar oder subpolar an einem oder an beiden Enden stäbchenförmiger Bakterien, oder sie sind peritrich über die Zelloberfläche verteilt. Sie übertreffen in vielen Fällen an Länge die Zellen. Eine gleichmäßige Verteilung der Geißeln über die ganze Zelloberfläche (peritriche Begeißelung) soll nach Ansicht einiger Mikrobiologen nicht

[1] Unter der Bezeichnung Lipide faßt man die in Wasser unlöslichen, in organischen Lösungsmitteln sich lösenden Zellsubstanzen zusammen.

vorkommen. Sie kann vorgetäuscht werden, wenn subpolar begeißelte Zellen zu kurzen, beweglichen Ketten vereinigt bleiben, deren Geißeln nun scheinbar seitlich inseriert und über die Oberfläche verteilt sind. Geißelführend und daher aktiv beweglich sind Vibrionen und Spirillen, zahlreiche Stäbchen wie *Bac. subtilis*, *Escherichia coli*, *Clostridium pasteurianum*, *Pseudomonas*-Arten. Selten finden wir dagegen Geißeln bei Kokken. Da die Dicke der Geißeln sehr gering ist (etwa 0,05 μ),

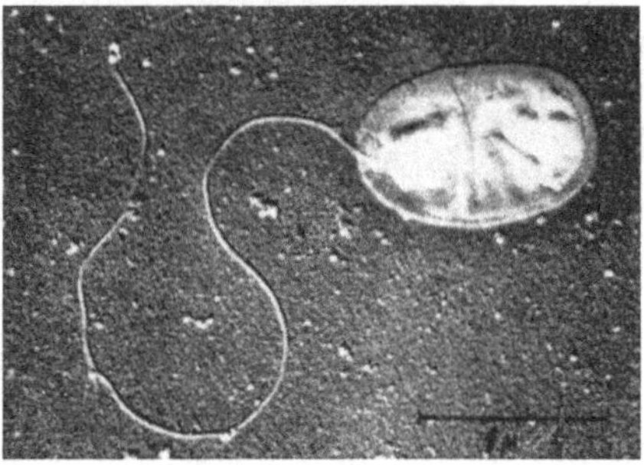

Abb. 6. *Pseudomonas aeruginosa* HP/a, polare Geißel, im Cytoplasma inseriert, elektronenoptisch, schrägbedampft Pd Winkel 15°, Endvergr. 17 000 : 1 (Aufnahme G. Bartsch).

gelingt es bei lebenden Zellen nur bei Dunkelfeldbeleuchtung unter dem Lichtmikroskop ihre Beugungsbilder sichtbar zu machen. Für den Nachweis durch Färbung ist eine vorbereitende Beizung erforderlich. Die Dicke der Geißeln nimmt bei dieser Behandlung und bei der Imprägnierung mit Silber erheblich zu. Auch die Zellen der beweglichen Bakterienarten tragen meist nur im jugendlichen Zustand Geißeln, und selbst dann bilden nicht alle Zellen Geißeln aus.

Zellkern. Die Frage, ob die Bakterien einen typischen Zellkern oder ein dem Zellkern höher organisierter Zellen funktionell gleichwertiges Gebilde (Nucleoid, Kernaequivalent) besitzen, war lange umstritten und ist auch heute noch nicht völlig geklärt. Die üblichen Kernfärbungsmethoden, z. B. mit Haematoxylin, geben keine eindeutigen Resultate. Die Bakterienzelle färbt sich infolge ihres hohen Gehaltes an Nukleinsäuren (DNS+ RNS) als Ganzes. Erst durch den mikrochemischen Nachweis der für pflanzliche und tierische Zellkerne charakteristischen desoxyribosehaltigen Thymonukleinsäure (kurz Desoxyribonukleinsäure, DNS) nach FEULGEN ist es gelungen, bestimmte, schon seit langem bekannte Einschlüsse der Zelle als Zellkern-Aequivalente zu identifizieren. Der Nachweis der DNS mit Hilfe der FEULGEN-Reaktion beruht darauf, daß durch eine vorsichtige Säurehydrolyse die Aldehydgruppen der Desoxyribose-Moleküle freigelegt und durch eine Farbreaktion mit fuchsinschwefliger Säure (SCHIFFsches Reagens) nachgewiesen werden. Die im Cytoplasma enthaltene Ribonukleinsäure (RNS) gibt keine Reaktion[1]). Auch durch direkte Färbung gelingt der Nachweis der DNS, wenn man die Zellen zur Beseitigung der leichter angreifbaren RNS zuvor einer Säurehydrolyse unterwirft oder RNS durch eine Ribonuklease abbauen läßt. Bei Kultur in Nährlösungen, die arm an Phosphaten und an Stickstoff-Verbindungen sind, bleibt der Gehalt des Cytoplasmas an RNS niedrig. In allen diesen Fällen ist es möglich, die Nucleoide zu färben, ohne daß sich das Cytoplasma in gleicher Intensität färbt. Auch im Elektronenmikroskop werden die Nucleoide sichtbar, wenn man durch eine Vorbehandlung, wie sie soeben beschrieben worden ist, die Dichte des Cytoplasmas soweit herabsetzt, daß es durchstrahlbar wird, oder wenn man ultradünne Schnitte von Bakterienzellen untersucht (Abb. 7).

Kokken und Sporen besitzen 1 Nucleoid. In stäbchenförmigen Zellen scheint ebenfalls 1 Nucleoid vorhanden zu sein. Da die Nucleoid-Teilung jedoch der Zellteilung vorauseilt, sind meist 2 polar gelegene oder 3 4 Nucleoide zu sehen. Sporenbildende Zellen enthalten 2 Nucleoide, von denen das eine in die Spore aufgenommen wird.

[1]) DNS und RNS unterscheiden sich auch in bezug auf ihre basischen Bestandteile. Beiden gemeinsam sind Guanin, Adenin, Cytidin. Die zum ersten Mal aus Hefezellen isolierte RNS enthält außerdem Uridin, die erstmalig aus Thymusgewebe isolierte DNS Thymin. DNS und RNS sind allgemein bei Tieren und Pflanzen verbreitet.

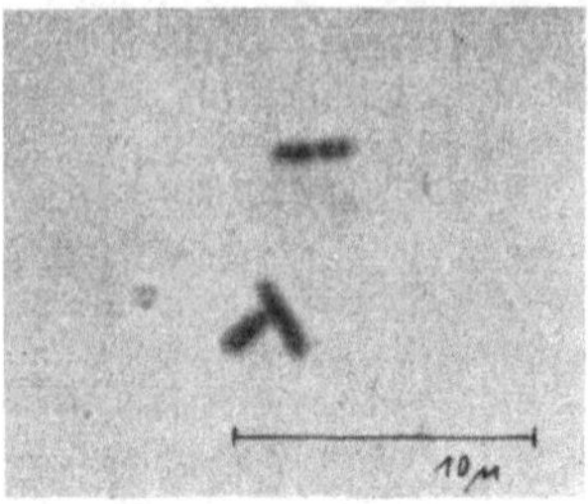

a

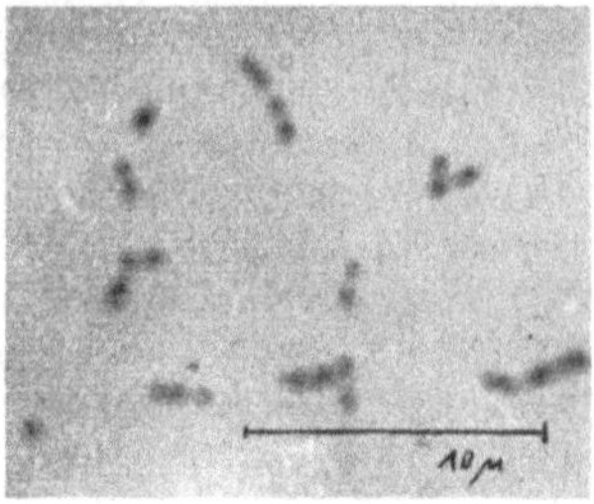

b

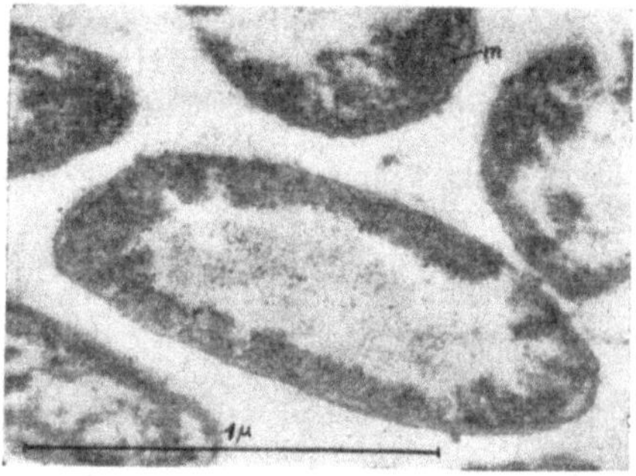

c

Abb. 7. Zellkern-Aequivalent (Nucleoid) der Bakterienzelle. *Escherichia coli*, (a, b Aufnahmen R. Schweisfurth; c Aufnahme G. Bartsch). a: Übersichtsfärbung der Zellen mit Karbolgentianaviolett. (Die Nucleoide sind nicht zu erkennen). b: Giemsa-Färbung der Nucleoide nach Hydrolyse mit HCl. c: Ultradünner Schnitt (Dicke etwa 500 Å, Mikrotom Porter-Blum), Zellwand, wandständiges Cytoplasma, helle „Zellkern-Vakuole" mit fädigen Strukturen, m Mitochondrien-artiger Einschluß im Cytoplasma. Elektronenoptisch, Endvergr. 38 000 : 1

Zwar ist der Nachweis der DNS gesichert, ob jedoch die Lokalisation in Nucleoiden dem Zustand in der lebenden Bakterienzelle entspricht oder ein Kunstprodukt darstellt, ist eine Frage, die immer wieder auftaucht. Einzelne Beobachtungen weisen darauf hin, daß die Zellkern-Substanz in feiner Verteilung im Cytoplasma enthalten sein könnte, oder daß beide Zustände, Lokalisation in Nucleoiden und feine Verteilung, miteinander abwechseln.

Über den feineren Bau der Nucleoide und über den Verlauf der Teilung gehen die Ansichten noch auseinander; insbesondere bleibt offen, ob Chromosomen und die von typischen Zellkernen bekannten Teilungsvorgänge vorhanden sind, wie es von Vertretern der Bakteriengenetik gefordert wird.

II. Actinomyceten, Chlamydobakterien, Myxobakterien

1. Die Actinomyceten haben trotz ihres Namens „Strahlenpilze" mit den Pilzen nur eine äußerliche Ähnlichkeit insofern, als viele von ihnen ein fädiges Mycel bilden. Die mikroskopische Untersuchung zeigt sofort, daß es sich um Organismen handelt, die sich in ihren Größenverhältnissen den Bakterien anschließen.

Der Vegetationskörper besteht aus feinen, querwandlosen Fäden, deren Durchmesser nur etwa 0,5 bis 1,2 μ beträgt. Wie bei den Pilzen bezeichnet man die feinen Fäden als Hyphen und den gesamten Vegetationskörper als Mycel. Verzweigungen, die bei den Eubakterien im allgemeinen nur bei den mit den Actinomyceten verwandten Mycobakterien auftreten, finden sich hier regelmäßig in Gestalt von kurz bleibenden oder lang auswachsenden Seitenästen. Die Fäden zeigen Spitzenwachstum und zerfallen bei vielen Arten leicht in stäbchen bis kokkenförmige Bruchstücke, die von gewöhnlichen Bakterienzellen kaum zu unterscheiden sind. Neben Arten, die auf der Oberfläche des Nährbodens zähe, lederartige oder bakterienartige, schleimige Kolonien bilden, gibt es andere, die außerdem ein kreidiges oder gefärbtes Luftmycel entwickeln. Der Inhalt von Lufthyphen, die oft abweichend gestaltet, z. B. schraubig eingerollt sind, kann zu kugligen oder cylindrischen Luftsporen (Endokonidien) zerfallen. Sie wachsen im Gegensatz zu den Bakteriensporen ohne Quellung und Wandsprengung zu Fäden aus. Neuerdings sind auch Formen mit unbeweglichen und mit geißeltragenden Sporen gefunden worden (*Streptosporangium*, *Actinoplanes*). Die Widerstandsfähigkeit der Actinomyceten-Sporen gegen Trockenheit und Hitze scheint nur wenig höher zu sein als die der Mycelfäden, die zwar Trockenheit vertragen, aber gegenüber Hitzeeinwirkung nur wenig resistent sind.

Abgesehen von der Luftsporenbildung, erfolgt die Vermehrung hauptsächlich durch Zerfall der Hyphen in die schon erwähnten Bruchstücke, die zu neuen Fäden auswachsen (Abb. 8).

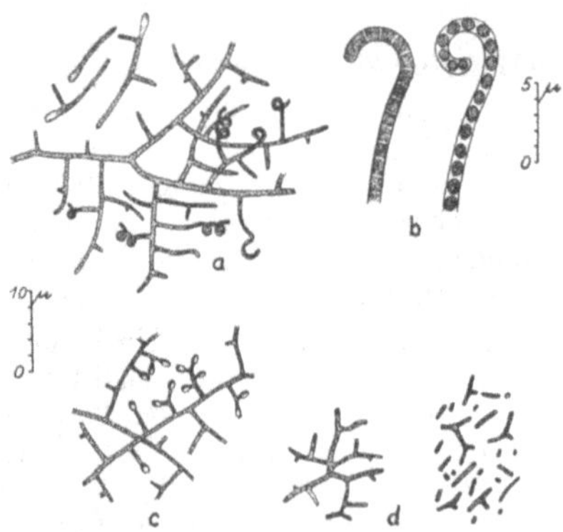

Abb. 8. Morphologie der Actinomyceten. a: Mycel einer *Streptomyces*-Art mit schraubenförmigen Lufthyphen. b: Entstehung von Luftsporen in einer Lufthyphe (nach Lieske). c: Mycel einer *Micromonospora*-Art mit Konidienträgern und Konidien. d: Junges Mycel einer *Nocardia*-Art, rechts in stäbchen- und kokkenförmige Bruchstücke zerfallend.

Die cytologischen Verhältnisse sind weniger eingehend untersucht worden als bei den Eubakterien. Die Zellen sind grampositiv. Echte Zellkerne fehlen; Die Kernsubstanz (DNS) scheint wie bei Eubakterien in Nucleoiden lokalisiert zu sein. Die Zellwand besteht anscheinend aus Hemicellulose. Chromatophoren fehlen; die häufig vorkommenden roten, braunen, grünen, schwarzen Farbstoffe sind im Cytoplasma oder in der Zellwand lokalisiert, oder sie werden vom Mycel an das Substrat abgegeben, ähnlich den Farbstoffen mancher Bakterien. Unter den Farbstoffen sind Chinone und Acridin-Derivate gefunden worden, die z. T. an Peptide gebunden sind und in einigen Fällen als Antibiotika Bedeutung erlangt haben.

Actinomyceten kommen besonders im Erdboden und auf Pflanzen, an Gras- und Strohhalmen vor. Manche Arten sind menschen-, tier- oder pflanzenpathogen. *Actinomyces israelii* und einige *Nocardia*-Arten erzeugen beim Menschen langdauernde, chronische Eiterungen. *Act. israelii* bildet, wenn er in die Lunge oder in Schleimhautwunden gelangt, charakteristische, radiär gebaute Wuchsformen (*Actinomyces*-Drusen), an deren Peripherie die Hyphenspitzen keulenförmig anschwellen. Pflanzenpathogen ist *Streptomyces scabies*, der Erreger des Kartoffelschorfes. Als Produzenten von Antibioticis sind vor allem bekannt geworden *Streptom. aureofaciens* (Aureomycin), *Streptom. griseus* (Streptomycin), *Streptom. venezuelae* (Chloromycetin).

2. Die Zellen der Chlamydobakterien (Trichobakterien, Fadenbakterien) sind stäbchenförmig. In den Größenverhältnissen entsprechen sie bei den meisten Arten den Zellen der Bakterien. Oft stehen sie durch Plasmodesmen miteinander in Verbindung. Die Zellketten bilden Fäden, die von einer gallertigen Hülle umgeben sind (Scheide). Innerhalb der Scheide ist der Zellfaden frei beweglich, er kann bei manchen Arten (*Leptothrix*) aus der Scheide hinausgleiten. Bei *Leptothrix* zeigt die Scheide unter dem Elektronenmikroskop eine faserförmige Struktur.

Die Fäden sind unverzweigt und sitzen häufig am basalen Ende mit einer Haftscheibe fest. Jede Zelle teilt sich unabhängig von der anderen, dadurch wächst der Faden in die Länge. Verschiebt sich eine der Fadenzellen seitlich zur Längsachse des Fadens, so kann bei weiteren Zellteilungen eine echte Verzweigung vorgetäuscht werden. Zellen, die aus dem Fadenverband austreten, etwa durch ein Verquellen der Scheide an der Fadenspitze, wachsen unter Querteilungen zu einem neuen Faden heran. In manchen Fällen (*Cladothrix dichotoma*, *Leptothrix crassa*) tragen sie zunächst Geißeln und durchlaufen ein Schwärmerstadium, oder es teilen sich die Zellen am apikalen Ende der Fäden innerhalb der Scheide, die keulenförmig erweitert sein kann, in unbewegliche, größere oder kleinere Zellen (Aplanosporen), wie es bei *Crenothrix polyspora* der Fall ist (Abb. 9). Die cytologischen Verhältnisse

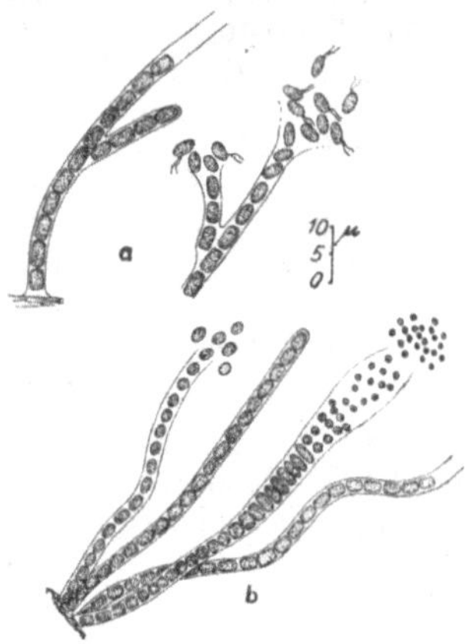

Abb. 9. Morphologie der Chlamydobakterien. a: *Cladothrix dichotoma*, Zellfaden mit Scheide. Die Zellen sind z. T. durch feine Cytoplasmafäden miteinander verbunden. Links falsche Verzweigung, rechts Umwandlung von Fadenzellen in Schwärmzellen. b: *Crenothrix polyspora*, Zellfäden mit Scheiden. Entstehung von großen und kleinen unbeweglichen Fortpflanzungszellen aus Fadenzellen.

sind bisher wenig untersucht worden. Nucleoide sind vorhanden, Chromatophoren fehlen, Farbstoffe werden nur vereinzelt gebildet. Chlamydobakterien sind überwiegend Wasserbewohner. Die *Leptothrix*-Arten gehören zur ökologischen Gruppe der Eisenmikroben (vgl. S. 98).

3. Myxobakterien besitzen stäbchenförmige, oft zugespitzte Zellen von etwa 4—12 μ Länge und einer Dicke von 0,5—1 μ, die sich durch Querteilung vermehren. Eine feste Zellwand scheint nicht vorhanden zu sein. Die Stäbchen sind

flexibel, sie ändern spontan ihre Gestalt. Unter allmählicher Verkürzung gehen sie in Sporen über, die hier also anderer Entstehung sind als die Endosporen der Eubakterien. Bei der Keimung streckt sich die Spore wieder zum Stäbchen, ohne daß eine Sporenwand abgeworfen wird. Die Zellkernsubstanz ist in Nucleoiden lokalisiert. Chromatophoren fehlen. Wir treffen auf eine von den Eubakterien abweichende Bewegungsart: Die Zellen scheiden Schleim ab und kriechen im Schwarm auf dem Substrat. Geißeln fehlen. Es wird angenommen, daß die Bewegung zur Schleimabscheidung in Beziehung steht. Bei der Mehrzahl der Myxobakterien schließen sich die Zellschwärme zu wulstförmigen, einfach gebauten Fruchtkörpern zusammen, oder es entstehen gestielte, auch verzweigte Fruchtkörper, an deren Spitze die Sporen zu Cysten vereinigt sind (Abb. 10). Bei der am Cellulose-Abbau beteiligten

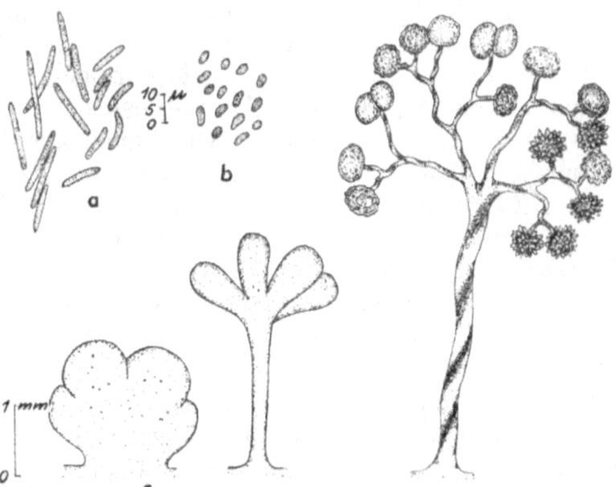

Abb. 10. Morphologie der Myxobakterien. a: Stäbchen aus dem Schwarm einer *Myxococcus*-Art. b: *Myxococcus*-Zellen in Sporen (Microcysten) umgewandelt. c: *Chondromyces crocatus.* Gestielter Fruchtkörper mit Cysten in verschiedenen Entwicklungsstadien (nach Thaxter u. Buller).

Gattung *Cytophaga* fehlen Sporen und Cysten; bei *Sporocytophaga* verkürzen sich einzelne Stäbchen zu Sporen (Mikrocysten) ohne zu Fruchtkörpern zusammenzutreten. Die Fruchtkörper der Myxobakterien fallen oft durch lebhafte gelbliche, orange oder rötliche Färbung auf. Wir finden Myxobakterien auf dem Mist pflanzenfressender Tiere, auf Holz und absterbenden Blättern. Sie haben ihren Standort vorwiegend im Erdboden.

III. Spirochäten

Es handelt sich um eine isoliert stehende Gruppe von Mikroorganismen, deren Verwandtschaftsverhältnisse unbekannt sind. Zwar entsprechen die Zellen in ihren Größenverhältnissen den Bakterienzellen, im cytologischen Bau sind jedoch wesentliche Unterschiede vorhanden. Die Zellen sind stäbchenförmig gestreckt, besitzen jedoch keine starre Zellwand, sie sind flexibel und lebhaft beweglich. Während der schraubenartig-schlängelnden Bewegung, deren Mechanismus unklar ist, verändern sie ständig ihre Gestalt, sie strecken sich, rollen sich ein, knicken ab usw. Die Vermehrung erfolgt durch Querteilung, wobei die Zellen anscheinend zu langen Ketten verbunden bleiben können. Die Längenangaben für die einzelnen Zellen schwanken erheblich zwischen 4 und 500 μ, da offenbar bei der Messung nicht immer die Möglichkeit einer Ketten- und Fadenbildung berücksichtigt worden ist. Die Breite der Zellen liegt mit etwa 0,2—0,5 μ meist im Bakterienbereich. Es kommen jedoch bei der Gattung *Cristispira* und bei der thermophilen *Spirochaeta daxensis* Zelldurchmesser bis 3 μ vor.

Der Protoplast hat einen komplizierten, an manche Flagellaten erinnernden Bau, der durch das Vorkommen elastischer Achsenfäden und einer undulierenden Membran gekennzeichnet ist. Geißelartige, polare Anhangsgebilde sind bei *Treponema* beobachtet worden. Chromatophoren und ein echter Zellkern fehlen; über Zellkern-Aequivalente ist wenig bekannt. Die Spirochäten sind in ihrer Mehrzahl Wasserbewohner. Auch parasitische Arten kommen vor, z. B. *Treponema pallidum*, Erreger der Syphilis, *Leptospira icterohaemorrhagiae*, Erreger einer infektiösen Gelbsucht (Abb. 11).

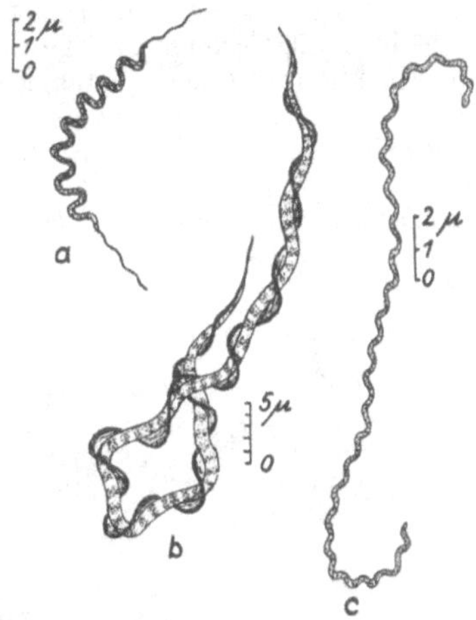

Abb. 11. Morphologie der Spirochäten. a: *Treponema pallidum* mit geißelartigen Fortsätzen an den Zellenden. b: *Cristispira anodontae*, fixierte Zelle mit einer Fibrillen-Leiste (Crista), die mit einer undulierenden Membran verglichen worden ist. c: *Leptospira icterohaemorrhagiae*.

IV. Schleimpilze (Myxomyceten und Acrasieen)

Der Vegetationskörper der Myxomyceten besteht aus dem Plasmodium, einer vielkernigen Protoplasmamasse (Syncytium), die sich amöboid fortbewegt. Typische Zellkerne sind vorhanden, Chromatophoren und Assimilationsfarbstoffe fehlen; als Reservestoff wird Glykogen gespeichert. Die Plasmodien können erhebliche Größe erreichen, bei den gelb gefärbten Plasmodien von *Fuligo septica* z. B. Durchmesser von 20 bis 30 cm. Die Nährstoffe werden teils gelöst auf osmotischem Weg (Osmotrophie) aufgenommen, teils wie bei gewissen Protozoen als geformte, feste Nahrungsteilchen (Phagotrophie), darunter auch Zellen anderer Mikroorganismen.

In Abhängigkeit von der Jahreszeit und vom Ernährungszustand tritt bei den Plasmodien eine Veränderung im Verhalten gegenüber äußeren Reizen ein (Licht, Feuchtigkeit, vgl. Teil II); sie erscheinen an der Oberfläche des Substrates und wandeln sich in knollenförmige oder gestielte, mannigfaltig gestaltete Fruchtkörper (auch Sporangien, Cysten genannt) um. Die Fruchtkörper sind von einer festen Hülle umgeben und enthalten zahlreiche Sporen. In vielen Fällen werden aus den Resten des zwischen den Sporen zurückbleibenden Cytoplasmas netz- oder faserförmige Elemente

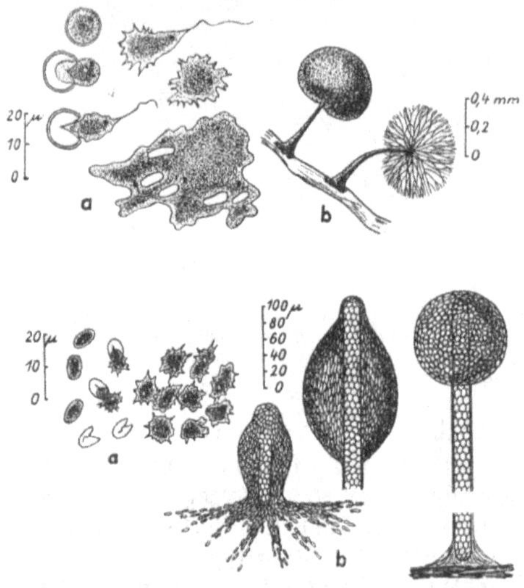

Abb. 12. Morphologie der Schleimpilze. Oben: Myxomyceten. *Camproderma violaceum* (Nach Lister). a: Sporenkeimung, Myxoflagellat, Myxamoebe, junges Plasmodium. b: Gestielter Fruchtkörper, rechts Capillitium. Unten: Acrasieen. *Dictyostelium mucoroides*. a: Keimende Sporen und Myxamoeben aus einem Schwarm b: Übergang vom Schwarm zur Fruchtkörperbildung (Schema, nach Kühn, verändert).

(Capillitium) gebildet. Die Sporen keimen mit einer geißeltragenden, Flagellaten-artigen Zelle (Myxoflagellat), die ihre Geißel abwirft und zur Myxamöbe wird. Die Amöben oder schon die Flagellaten verschmelzen paarweise, vermehren sich durch Teilung und fließen schließlich zum Plasmodium zusammen.

Bei den Acrasieen ist der Entwicklungsgang im großen ganzen der gleiche, die Amöben bleiben jedoch getrennt, sie bilden einen Schwarm (Pseudoplasmodium), aus dem in einem entwicklungsphysiologisch bemerkenswerten Prozeß der zarte, gestielte Fruchtkörper hervorgeht, dessen Stiel z. B. bei *Dictyostelium* eine Cellulose-Hülle besitzt.

Myxomyceten und Acrasieen leben im Waldboden, in morschem Holz und anderen sich zersetzenden Pflanzenresten. Acrasieen lassen sich auch aus dem Mist pflanzenfressender Tiere isolieren. Beim Übergang zur Fruchtkörperbildung erscheinen sie an der Oberfläche des Substrates und sind dann leicht zu erkennen, besonders die großen, oft lebhaft gefärbten Plasmodien, Sklerotien und Sporangien (Fruchtkörper) einiger Myxomyceten, z. B. aus den Gattungen *Fuligo*, *Lycogala*, *Didymium*. Die Fruchtkörper der Acrasieen erreichen nur eine Größe von etwa 1 mm (Abb. 12).

Amöben und Plasmodien nehmen am natürlichen Standort vorwiegend geformte Nahrung auf, zu der auch Bakterienzellen gehören. Acrasieen lassen sich in Reinkultur mit Futterbakterien züchten, auch ein Ersatz durch gelöste Nährstoffe gelingt.

V. Pilze

1. Bau der Pilzzelle

Von den Zellen der Bakterien unterscheidet sich die Pilzzelle durch ihre Größe. Eine Hefezelle (Bäckerhefe) hat z. B. einen Durchmesser von 5—6 μ. Auch hier sind indessen die Schwankungen nach oben und unten erheblich (Abb. 13).

Im Bau der Zelle liegt der wesentliche Unterschied gegenüber den Bakterien im Vorhandensein eines echten Zellkernes, der Feulgen-Reaktion gibt und bei dessen Teilung, wie bei den Kernen höherer Pflanzen, Chromosomen sichtbar werden. Die Zahl der Kerne je Zelle ist verschieden. Bei niederen Pilzen (Phycomyceten) mit ungekammertem Mycel sind zahlreiche Kerne im Cytoplasma verteilt (Syncytium).

Die Zellen der höheren Pilze (Eumyceten) sind einkernig oder mehrkernig. Paarkernige (dikaryotische) Zellen treten im

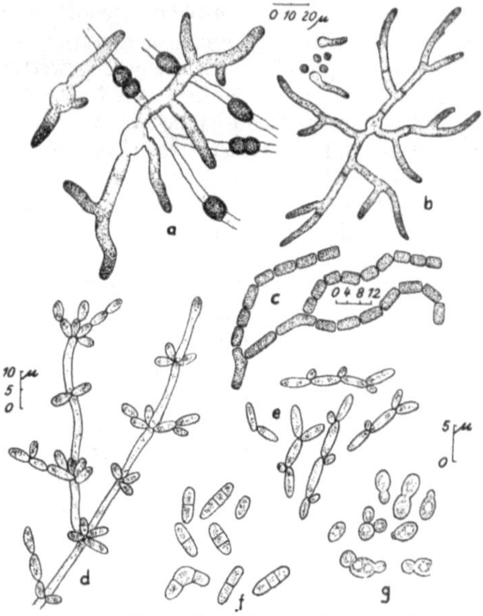

Abb. 13. Morphologie der Pilzzelle. a: Querwandloses (ungekammertes) Keimmycel eines Phycomyceten (*Mucor racemosus*), älteres Mycel mit Dauerzellen. b: Gekammertes Keimmycel eines Eumyceten (*Penicillium spec.*). c: Mycel von *Oidium lactis* (*Geotrichum candidum*), in Oidien zerfallend. d: *Candida crusei*, Pseudomycel mit Sproßzellen. e: *Sacch. pastorianus*, Sproßverbände. f: *Schizosacch. octosporus*, Vermehrung durch Querteilung („Spalthefe"). g: *Torulopsis neoformans*, Sprossung auf breiter Basis.

Zusammenhang mit dem Kernphasen- und Generationswechsel auf (vgl. Tl. II). Mit Ausnahme der einfachsten, meist parasitisch lebenden Phycomyceten, der Zoosporen und der Geschlechtszellen (Spermatozoiden, Spermatien, Eizellen) ist eine deutlich sichtbare, vom Cytoplasma unterschiedene Zellwand vorhanden. Ihre chemische Beschaffenheit wechselt. Chitin, Hemicellulose, Pektin sind weit verbreitet, während echte Cellulose seltener vorkommt; sie ist bei Oomyceten nachgewiesen worden. Umstritten ist das Vorkommen ligninartiger Substanzen.

Dem Protoplasten fehlen die Chromatophoren. Die häufig vorkommenden Farbstoffe sind in der Zellwand enthalten oder im Cytoplasma gelöst, diffundieren in manchen Fällen aber auch in das Substrat. Es sei nur hingewiesen auf die mannigfaltig gefärbten, weit verbreiteten Schimmelpilze (*Penicillium*, *Aspergillus*, *Fusarium*, *Cladosporium*, *Verticillium* usw.), auf die Farbstoffe der in Flechten lebenden Pilze, der Fruchtkörper von Hutpilzen, der roten Hefen. Auch hier handelt es sich wie bei den Bakterien um ganz verschiedene Gruppen chemischer Verbindungen: Chinonderivate, Melanine, Laktoflavin, Porphyrine, Karotinoide, dagegen fehlen den Pilzen Assimilationsfarbstoffe. Antibiotika sind vor allem aus der Gattung *Penicillium* bekannt geworden: Penicillin und Notatin aus *Pen. notatum* und einigen anderen Arten, das giftige Patulin aus *Pen. patulum* usw.

Das Cytoplasma noch im Wachstum begriffener Zellen und der Spitzenabschnitte querwandloser Hyphen ist wasserhell und homogen, später treten feine Granulationen und Vakuolen mit Reservestoffen oder mit wäßrigem Zellsaft auf, so daß schließlich das Cytoplasma auf einen dünnen, oft schwer sichtbaren Wandbelag beschränkt ist. Unter den Reservestoffen sind Fett, Stärke-ähnliche Polysaccharide, Glykogen, Volutin hervorzuheben. Auch Mannit ist als Reservestoff gefunden worden, z. B. bei *Aspergillus*-Arten. In den Fruchtkörpern vieler Hutpilze (Hymenomyceten, Gastromyceten) tritt Harnstoff als Reservestoff auf und wird bei der Sporenbildung verbraucht. Je nach den Kulturbedingungen kann der Lipidgehalt bei manchen Arten bis auf etwa 50% der Trockensubstanz ansteigen (*Endomyces*- und *Oidium*-Arten), wobei es sich teils um Reservefett, teils um degenerative Fettbildung im Cytoplasma handelt.

2. Zellformen des Thallus

Der Vegetationskörper (Thallus) eines typischen Pilzes besteht aus feinen, verzweigten Fäden, dem Mycel, das sich auf einem geeigneten Nährsubstrat, etwa ausgehend von einer keimenden Spore, radiär in und auf dem Substrat entwickelt und sich über die Substratoberfläche in den Luftraum erstrecken kann (Substrat-, Oberflächen- und Luftmycel). Die Fäden werden Hyphen genannt (Abb. 14). Vegetationskörper dieser Art, die keine Gliederung in echte Blätter,

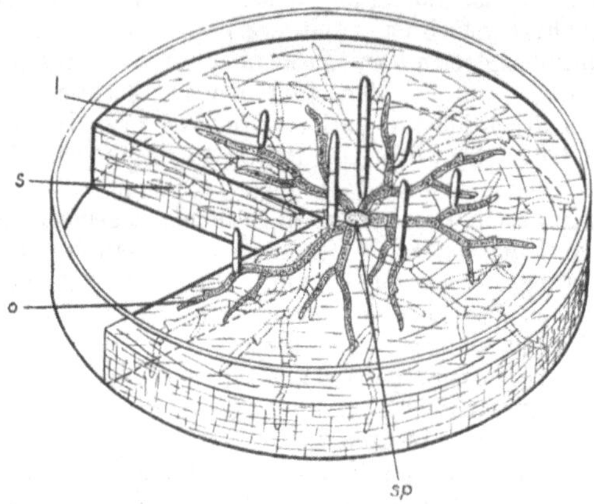

Abb. 14. Vegetationskörper eines Pilzes. sp gekeimte Spore, s Substratmycel, o Oberflächenmycel, l Luftmycel.

Sproßachsen und Wurzeln aufweisen, werden als Thalli bezeichnet. Sie kommen bei Pilzen, Cyanophyceen, Algen in mannigfaltigen Ausbildungsstufen vor.

Das Mycel ist in seinen vegetativen Abschnitten bei den niederen Pilzen (Phycomyceten) meist querwandlos und bei den höheren Pilzen (Eumyceten) durch Querwände gekammert.

In manchen Fällen ist das Mycel rückgebildet. So treten z. B. bei den Hefepilzen an seine Stelle Verbände von Sproß- oder Spaltzellen, und die auf festen Substraten sich entwickelnden Kolonien ähneln dann im Aussehen den Kolonien der Bakterien.

Sporen. Außerordentlich mannigfaltig ist die geschlechtliche und ungeschlechtliche Fortpflanzungsweise der Pilze.

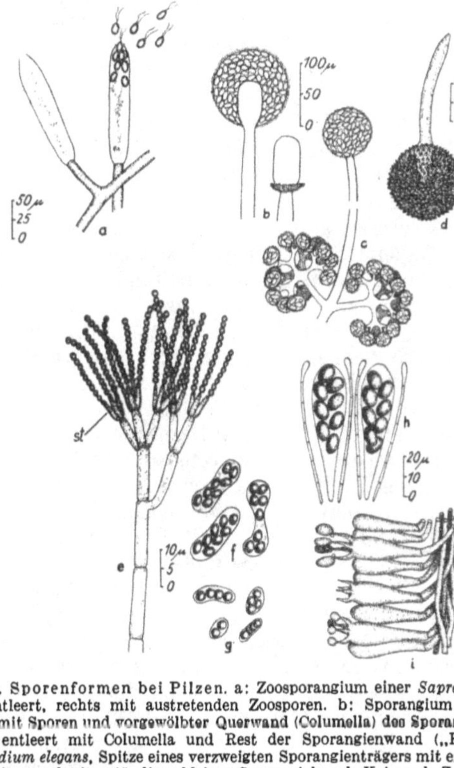

Abb. 15. Sporenformen bei Pilzen. a: Zoosporangium einer *Saprolegnia spec.*, links entleert, rechts mit austretenden Zoosporen. b: Sporangium von *Mucor mucedo* mit Sporen und vorgewölbter Querwand (Columella) des Sporangienträgers. Rechts entleert mit Columella und Rest der Sporangienwand („Kragen"). c: *Thamnidium elegans*, Spitze eines verzweigten Sporangienträgers mit endständigem Sporangium und seitenständigen kleinen Sporangiolen. d: Keimende Zygospore von *Mucor mucedo*. Das dunkelfarbige Exospor ist bei der Quellung aufgerissen, das Endospor der Zygotenwand ist sichtbar. e: *Penicillium spec.*, Konidienträger. Die Konidien werden nacheinander von besonderen Zellen (Sterigmen, st) abgeschnürt. f: *Schizosacch. octosporus*, Ascus mit Ascosporen. g: *Sacch. pastorianus*, Ascus mit Ascosporen. h: Ascusschläuche aus dem Apothecium eines Discomyceten. i: *Polyporus squamosus*, Basidien mit Basidiosporen (Nach Buller).

Ohne auf die entwicklungsgeschichtlichen Zusammenhänge einzugehen, wollen wir uns auf eine Kennzeichnung der wichtigsten Fortpflanzungszellen beschränken (Abb. 15), die, wie allgemein bei den Kryptogamen, zusammenfassend als Sporen bezeichnet werden. Sie entstehen entweder endogen (Endosporen) in Behältern (Sporangien), die auf Sporangienträgern gebildet werden oder exogen (Exosporen oder Konidien). Beide Gruppen sind durch Übergänge miteinander verbunden. Die Konidien entstehen an Zellen des Mycels oder auf Konidienträgern an besonderen hierfür vorgesehenen Zellen (Sterigmen) durch einen Sprossungsvorgang. Endo- und Exosporen können in allen Abschnitten des Generations- und Kernphasenwechsels auftreten, sie können diploid, dikaryotisch oder haploid sein, sie entstehen ungeschlechtlich oder als Produkt eines Sexualvorganges. Beispiele für ungeschlechtlich entstehende Endosporen finden wir bei vielen Gattungen der Mucoraceen, für Konidien bei den Aspergillaceen.

Die wasserbewohnenden Pilze besitzen geißeltragende, bewegliche Sporen (Zoosporen), die an das Leben im Wasser angepaßt sind und unter dem Einfluß chemischer Reize geeignete Nährsubstrate aufsuchen. Durch einen Sexualvorgang entstehen die Oosporen der Oomyceten und die Zygosporen der Mucoraceen. Bei den höheren Pilzen (Eumyceten) sind Ascosporen (Ascomyceten) und Basidiosporen (Basidiomyceten) die wichtigsten Sporenformen. Beide sind haploid (Abb. 15). Die Ascosporen entstehen meist in 8-Zahl im Ascus, während sich die Basidiosporen in 2- oder 4-Zahl in Ausstülpungen auf dem Scheitel der Basidie bilden (Hymenomyceten).

Von Sproßzellen sprechen wir, wenn die Tochterzelle als kleiner Auswuchs an der Mutterzelle entsteht und allmählich heranwächst, von Spaltzellen, wenn die Mutterzelle sich durch eine Querwand teilt, von Oidienbildung, wenn die Hyphen eines Mycels durch gehäufte Querwandbildung in zahlreiche, meist rechteckige Zellen (Oidien) zerfallen (vgl. Abb. 13c).

Viele Sporen zeigen die Merkmale ausgesprochener Dauerzellen: dicke Zellwände, die oft durch dunkle Färbung auffallen, ein wasserarmes, mit Reservestoffen, besonders mit

Öltröpfchen, angefülltes Cytoplasma. Auch beliebige Zellen des Mycels oder kleine Abschnitte eines querwandlosen Mycels (vgl. Abb. 13a) können bei manchen Pilzen zu Dauerzellen (Gemmen, Chlamydosporen) werden, meist dann, wenn infolge ungünstiger Lebensbedingungen, etwa nach Erschöpfung des Nährsubstrates, das Mycel allmählich abstirbt.

Vegetative Zelldifferenzierungen treten in den Mycelien höherer Pilze im Zusammenhang mit bestimmten Funktionen auf, wenn auch nicht in der Mannigfaltigkeit wie bei höheren Pflanzen:

Zellen mit mechanischer Funktion sind an ihren verdickten Wänden kenntlich, der Zellinhalt ist meist abgestorben. Wir unterscheiden rundliche oder polygonale Steinzellen und langgestreckte Faserhyphen. Steinzellen finden sich z. B. als lockere Hülle bei den Fruchtkörpern (Perithecien) von *Aspergillus nidulans*, oder sie bilden die Wand von Fruchtkörpern, die eine Ruheperiode durchlaufen (*Penicillium*) oder von vegetativen Dauerformen (Sklerotien). Langgestreckte, dickwandige Faserhyphen sind ein Bestandteil der Strangbildungen (vgl. S. 45) bei Hymenomyceten.

Zellen mit Leitungsfunktion sind ebenfalls ein Bestandteil der Hyphenstränge, die wir bei Hymenomyceten, besonders bei holzzerstörenden Arten wie *Merulius domesticus*, *Armillaria mellea* antreffen. Die wasserleitenden Gefäßhyphen erreichen einen Durchmesser bis 50 μ und sind durch ring- oder wulstförmige Wandverdickungen oder durch Strebebalken ausgesteift. Der Leitung und wohl auch der vorübergehenden Speicherung dienen Eiweißhyphen und Milchsaftschläuche, die ersteren in Strängen von Hymenomyceten und Gastromyceten, die letzteren in den Fruchtkörpern von Milchsaft führenden Hymenomyceten, z. B. *Lactarius*-Arten.

3. Organbildungen bei Pilzen

Die Organbildungen der Pilze stehen vor allem in Verbindung mit der Fortpflanzung. Schon die Sporangien- und Konidienträger, die letzteren mit dem konidienbildenden Apparat, sind Organe einfachster Art, die uns in großer

Mannigfaltigkeit bei niederen und höheren Pilzen begegnen (vgl. Abb. 15). Auf die ersten Ansätze zur Bildung von

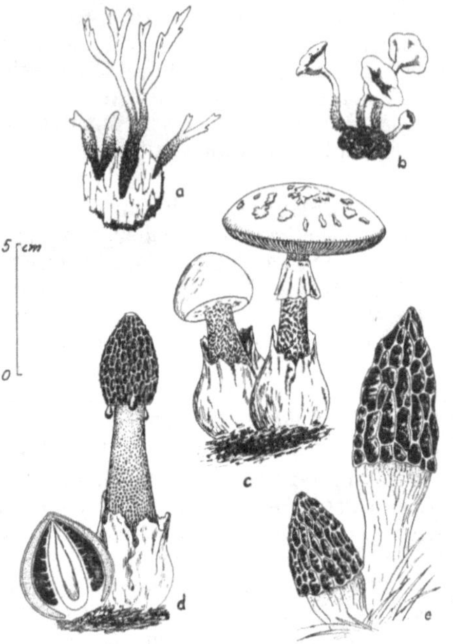

Abb. 16. Fruchtkörper bei Pilzen. a: *Xylaria hypoxylon* (Pyrenomycet). Verzweigtes Stroma, in den älteren dunkel gefärbten Partien sind krugförmige Perithecien in das Stroma eingesenkt. b: *Sclerotinia tuberosa* (Discomycet). Sklerotium, auf dem sich gestielte scheibenförmige Ascusfruchtkörper (Apothecien) entwickelt haben. c: *Amanita bulbosa* (Hymenomycet), links während der Entfaltung, rechts reifer Fruchtkörper. Das Basidienhymenium bedeckt die Lamellen auf der Unterseite des Hutes. d: *Ithyphallus impudicus* (Gastromycet). Fruchtkörper links im Längsschnitt vor der Entfaltung („Teufelsei"), rechts nach der Entfaltung. Das Basidienhymenium bedeckt die bei der Sporenreife zerfließende Oberfläche des Hutes. e: *Morchella elata* (Discomycet), hutförmiger, gestielter Fruchtkörper. Das Ascushymenium bildet die Oberfläche des mit Falten und flachen Vertiefungen bedeckten Hutes.

Fruchtkörpern treffen wir bei Phycomyceten in Gestalt von Hyphenknäueln, von denen die Zygoten einzeln (*Mortie-*

rella) oder in größerer Zahl (Endogonaceen) eingehüllt werden. Die Fruchtkörper der Ascomyceten gehören in der Hauptsache zwei Typen an: Das Perithecium ist geschlossen, ohne (*Plectascales*) oder mit einer vorgebildeten Öffnung (Pyrenomyceten). Es erreicht etwa die Größe eines Sandkornes. Die Ascusschläuche liegen im Inneren, regellos verteilt oder in einer Schicht angeordnet, die als Ascus-Hymenium bezeichnet wird. Das Apothecium der Discomyceten hat bei der Reife schüsselförmige Gestalt; die Ascusschläuche liegen offen in einem Hymenium. Bei Helvellaceen (*Helvella*, *Morchella*) erreichen die Fruchtkörper der Ascomyceten ihre höchste Ausbildungsform; sie sind in Stiel und Hut gegliedert, der auf seiner durch Faltenbildung vergrößerten Oberfläche das dem einfachen Apothecium entsprechende Ascushymenium trägt (Abb. 16). Die unterirdischen (hypogaeischen) Fruchtkörper der Tuberaceen sind abweichend gebaut.

Die Fruchtkörper der Basidiomyceten (Abb. 16) sind fleischige, holzige oder gallertige Gebilde von hut-, konsolen- oder krustenförmiger Gestalt, deren Entwicklungsgang besonders bei Hymenomyceten und Gastromyceten untersucht worden ist. Betrachtet man z. B. einen Querschnitt durch den Stiel eines hutförmigen Hymenomyceten-Fruchtkörpers, so zeigt sich ein gewebeartiger Verband polygonaler Zellen, ein Bild, das an Gewebe höherer Pflanzen erinnert. Wir nennen gewebeartige Zellverbände bei Pilzen und anderen Thallophyten Scheingewebe oder Plektenchyme. Während echte Gewebe aus Teilungen embryonaler Zellen, z. B. an den Vegetationspunkten der Sproßachsen und Wurzeln, hervorgehen, entwickeln sich die Scheingewebe der Fruchtkörper aus zahlreichen einzeln wachsenden Hyphen. In der Fruchtkörper-Anlage legen sie sich aneinander und verkleben oder verwachsen nachträglich miteinander. Aus ihnen geht der Fruchtkörper hervor (Abb. 17).

Auch die Organe einer Nebenfruchtform können zu Fruchtkörpern vereinigt sein. So entwickeln sich Konidienträger oder Sporangienträger gemeinsam in größerer Zahl zu den bei manchen *Penicillium*-Arten vorkommenden Koremien oder zu den Sporangienfruchtkörpern bei *Endogone*. Bei vielen

Pyrenomyceten sind einfache Konidienträger in krugförmigen Behältern (Pyknidien) vereinigt.

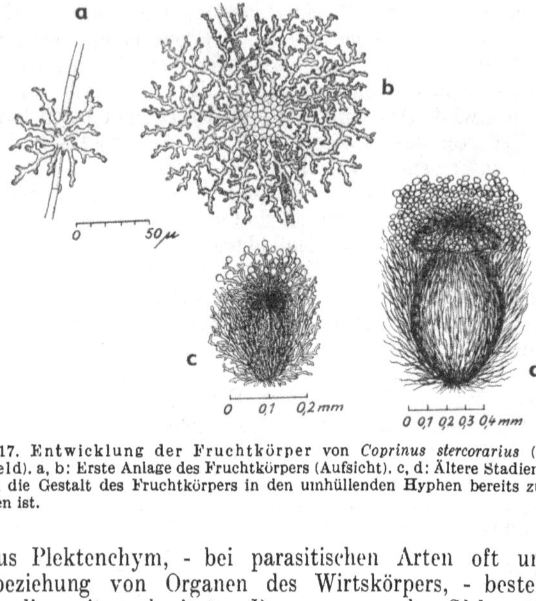

Abb. 17. Entwicklung der Fruchtkörper von *Coprinus stercorarius* (nach Brefeld). a, b: Erste Anlage des Fruchtkörpers (Aufsicht). c, d: Ältere Stadien, bei denen die Gestalt des Fruchtkörpers in den umhüllenden Hyphen bereits zu erkennen ist.

Aus Plektenchym, - bei parasitischen Arten oft unter Einbeziehung von Organen des Wirtskörpers, - bestehen auch die weit verbreiteten Dauerorgane oder Sklerotien der Eumyceten, die z. B. bei Aspergillaceen, bei *Botrytis cinerea*, bei den in Insekten parasitierenden *Cordyceps*-Arten vorkommen.

Stromata sind aus Scheingeweben aufgebaute, mannigfaltig gestaltete polster-, krusten- oder keulenförmige Thalli. Auf oder in ihnen werden Sporen (Konidien, Pyknosporen, Ascosporen in Apothecien oder Perithecien) ausgebildet, in manchen Fällen erst, nachdem das Stroma einen Ruhezustand durchlaufen hat.

Zwischen Stromata und Sklerotien bestehen oft Übergänge. *Rhytisma acerinum* bildet auf Ahornblättern zunächst ein

Konidien-produzierendes Stroma. Im Herbst geht es in den dunkelfarbigen Sklerotialzustand über, den man oft auf abgeworfenen Ahornblättern findet. Im Frühjahr brechen die Apothecien nach außen durch. Bei *Claviceps purpurea* wird zuerst der Fruchtknoten der Roggenblüte in ein Sklerotium verwandelt (Mutterkorn, Secale cornutum), das überwintert. Im Frühjahr keimt das Sklerotium; es entstehen fruchtkörperartig gestielte Stromata, in deren Köpfchen die Perithecien eingesenkt sind.

Prosenchymatisch gestreckte Zellformen herrschen vor in den Plektenchymen der Stränge oder Rhizomorphen der Hymenomyceten und einiger anderer Gruppen höherer Pilze, deren Aufgabe neben der Ausbreitung des Mycels über größere Strecken die Leitung von Wasser und Nährstoffen und wohl auch die Speicherung von Reservestoffen ist.

VI. Cyanophyceen und Chlorophyceen

Cyanophyceen und Chlorophyceen sind vorwiegend Wasserbewohner. Manche Arten finden sich auch in den obersten Bodenschichten oder als Luftalgen an Baumstämmen und an feuchten Felsen. Andere leben symbiontisch und sind z. B. am Aufbau des Flechten-Thallus beteiligt (vgl. Tl. II). Beide Gruppen sollen hier nur kurz gestreift werden. Die Chlorophyceen sind echte Algen mit typischen Zellkernen und mit Chromatophoren. Bei den Cyanophyceen oder blaugrünen Algen, auch Schizophyceen genannt, sind weder echte Zellkerne noch Chromatophoren vorhanden. Cyanophyceen und Chlorophyceen besitzen mit wenigen Ausnahmen Chlorophyll und sind daher zur Photosynthese befähigt. Die blaugrüne bis rötliche Färbung der Cyanophyceen beruht darauf, daß neben Chlorophyll in wechselnden Mengen zwei mit den Gallenfarbstoffen verwandte Chromoproteide, das blaue Phykocyan und das rote Phykoerythrin, in den Zellen vorkommen.

1. Cyanophyceen

Bei den einzelligen Arten sind die Zellen mehr oder weniger kuglig bis stäbchenförmig gestreckt. Bei hochstehenden

Fadenformen (*Oscillatoria* usw.) sind die Zellen oft scheibenförmig quergestreckt zur Fadenachse. Der Durchmesser kugliger Zellen schwankt innerhalb weiter Grenzen je nach Art und Gattung, bei etwa 0,5 μ beginnend (z. B. *Aphanocapsa delicatissima*) und bei großzelligen *Chroococcus*-Arten bis auf mehr als 50 μ ansteigend. Neben Einzellern und Zellkolonien treten vielzellige Fadenformen und seltener band- und flächenförmige oder rundliche Thalli auf. (Abb. 18).

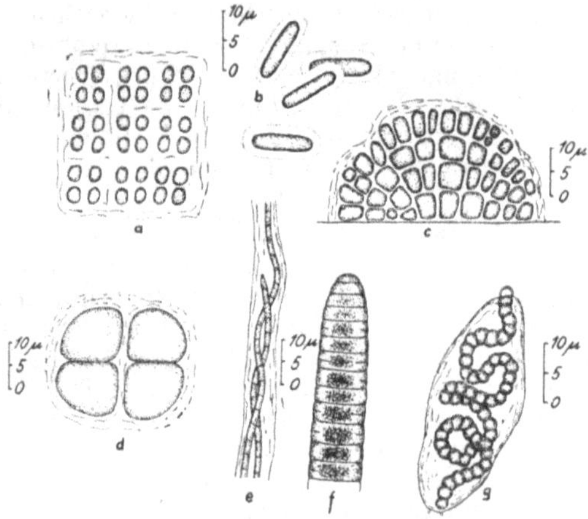

Abb. 18. Morphologie der Cyanophyceen. a: Tafelförmige Kolonie einer *Merismopedia*-Art. b: Zellen von *Gloeothece linearis* mit Schleimhülle. c: *Xenococcus kerneri*, halbkugliger Thallus, Seitenansicht (nach Geitler). d: Zellkolonie einer *Chroococcus*-Art mit geschichteter Schleimhülle. e: Zellen einer *Schizothrix*-Art in gemeinsamer Schleimhülle (Scheide). f: Spitze eines *Oscillatoria*-Fadens, in einigen Zellen beginnende Querwandbildung. g: *Nostoc commune*, Zellfaden in einer gallertigen Schleimhülle.

Vermehrung der Einzeller und Wachstum der Vielzeller erfolgen durch Querteilung der Zellen. Sporangien mit unbeweglichen Sporen sind nur bei einer Untergruppe vorhanden. Dickwandige **Dauerzellen** kommen vor. Verdickte Wände besitzen auch die **Heterocysten**. Da bei ihrer Entstehung die Assimilationsfarbstoffe abgebaut werden, fallen sie durch gelbliche Färbung auf. Ihre Bedeutung ist unsicher; in den meisten Fällen sind sie wohl nur als rudimentäre Dauerzellen anzusehen, die ohne Keimung zugrunde gehen.

Geißeln als Bewegungsmittel fehlen den Cyanophyceen, dagegen kommt z. B. bei den Zellfäden der Oscillatorien und Beggiatoen eine eigenartige Kriech- und Pendelbewegung vor, die vermutlich auf der Ausscheidung quellender Schleimsubstanzen aus Membranporen beruht — nicht auf Kontraktion der Fäden, wie früher angenommen wurde. Die Zellwand besteht aus Hemicellulose und Pektin. Sie ist von einer Gallerthülle umgeben, die häufig geschichtet ist und erhebliche Dicke erreichen kann. Bei einem Teil der Fadenformen ist ähnlich den Verhältnissen bei den Chlamydobakterien eine röhrenförmige Gallertscheide vorhanden, in der sich die Zellfäden frei verschieben (Abb. 18).

Der Protoplast läßt eine äußere Zone erkennen, in der das Cytoplasma durch fein verteilte Farbstoffe gefärbt ist (Chromatoplasma) und eine innere farblose oder nur schwach gefärbte Zone (Centroplasma). Das Chromatoplasma enthält Chlorophyll a als Assimilationsfarbstoff, daneben Karotinoide und in wechselnder Menge Phykocyan und Phykoerythrin. Im Centroplasma werden Reservestoffe abgelagert: an Eiweiß gebundenes Glykogen, das aus dem Assimilationsprozeß stammt, Volutin, Cyanophycinkörner. Hier liegt auch der mit Kernfarbstoff und nach FEULGEN färbbare „Chromidialapparat", in dem DNS in Form von Nucleoiden lokalisiert ist.

Die Vermehrung erfolgt bei den Einzellern durch Zellteilung, die bei den Stäbchenformen als Querteilung verläuft. Die Fadenformen stehen auf sehr verschiedener Organisationshöhe. Es kommt typisches Spitzenwachstum vor; in anderen Fällen sind die Fadenzellen in bezug auf Teilungsvorgänge mehr oder weniger unabhängig voneinander. Bei der Untergruppe der Hormogoneen erfolgt die Vermehrung durch mehrzellige Fadenabschnitte (Hormogonien), die sich aus dem Zellverband lösen. Bei den vereinzelt vorkommenden parasitischen oder saprophytischen Formen fehlt der Assimilationsfarbstoff. Farblose, jedoch autotrophe Cyanophyceen sind die *Beggiatoa*-Arten und einige andere Schwefelmikroben (vgl. S. 91), die im Cytoplasma Schwefeltröpfchen als Reservestoff speichern.

2. Chlorophyceen

Die einfachsten, in der Ordnung der *Protococcales* zusammengefaßten Chlorophyceen sind einzellige Organismen, deren Zellen bei manchen Gattungen zu Kolonien vereinigt sind[1]).

Die Zelle der *Protococcales*, z. B. der weit verbreiteten *Chlorella*-Arten (Abb. 19), besitzt eine Cellulosewand, einen

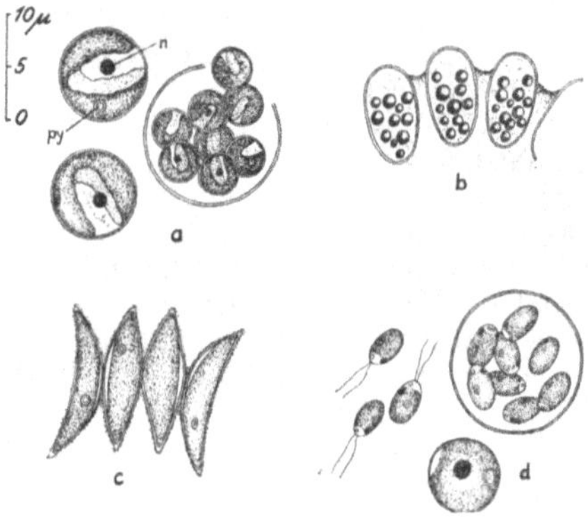

Abb. 19. Zellformen bei einzelligen Grünalgen. a: *Chlorella vulgaris*. Zellen mit großem muldenförmigem Chloroplast. n Zellkern, py Pyrenoid. Rechts Vermehrung durch Aplanosporen. b: *Botryococcus braunii*, Teil einer Kolonie. Die Zellen sind in eine gemeinsame Gallertmasse eingelagert und enthalten reichlich rötlich gefärbte Öltröpfchen. c: *Scenedesmus obliquus*. d: *Chlorococcum humicolum*, Vermehrung durch Zoosporen.

Chloroplasten, in den ein Stärkebildner (Pyrenoid) eingelagert ist, und einen Zellkern. Der Chloroplast enthält, wie bei den höheren Pflanzen, 2 Chlorophyllfarbstoffe und 2 Karotinoide (Chlorophyll a und b, Xanthophyll und Karotin). Als Assi-

[1]) In den sonstigen Ordnungen der Chlorophyceen sind Einzeller bei den Conjugaten in der Familie der Desmidiaceen vertreten. In anderen Unterabteilungen der Algen sind Einzelligkeit und Koloniebildung für Diatomeen charakteristisch.

milationsprodukt wird auf der Oberfläche des Stärkebildners Stärke abgelagert. Die Vermehrung erfolgt, indem sich die Zelle in 2 bis 8 Zoosporen (Planosporen) oder unbewegliche Sporen (Aplanosporen) aufteilt. Unbewegliche Sporen hat z. B. *Chlorella*, Sporen mit Geißeln *Chroococcus*.

VII. Protozoen

1. Bau der Zelle

Unter der Bezeichnung Protozoen werden die einzelligen Tiere zusammengefaßt. Der Bau der Zellen, die Entwicklungsgeschichte und die Lebensweise zeigen eine so außerordentliche Mannigfaltigkeit, daß wir uns auf einen allgemeinen Überblick beschränken müssen.

Bei den erheblichen Unterschieden im Bau und in der Lebensweise ist es nicht verwunderlich, daß die Größenverhältnisse der Zellen bei den Protozoen recht verschieden sind. *Trypanosoma gambiense*, der Erreger der Schlafkrankheit, mißt 1,5—2 : 15—30 μ. Bei Foraminiferen erstreckt sich der Größenbereich der Schalen von etwa 20 μ bis zueinigen cm. Eine *Amoeba proteus* hat allseitig einen Durchmesser von etwa 200—500 μ, die im Froschdarm lebende *Opalina ranarum* eine Länge von 500 bis 900 μ bei etwa der halben Breite. *Paramaecium caudatum* ist 100—300μ lang und etwa 30—100μ breit.

Zelldifferenzierung. Verglichen mit den Zellen pflanzlicher Mikroorganismen, soweit sie Einzeller sind, zeigen die Zellen der Protozoen häufig eine ausgeprägtere, mit der Lebensweise zusammenhängende Differenzierung. Abgesehen von Einrichtungen zur Fortbewegung, können auch Aufnahme geformter Nahrung, Verdauung, Exkretion, Reizaufnahme und Reizleitung, Verbindung mit der Unterlage bei festsitzenden Arten in besonderen „Zellorganellen" lokalisiert sein. Den höchsten Grad erreichen die Differenzierungen bei den Ciliaten (Abb. 20).

Zellkern. Die Zellen der Protozoen besitzen echte Zellkerne, die in der Ein- oder Mehrzahl je Zelle vorhanden sind und die von höheren Organismen bekannte Differenzierung

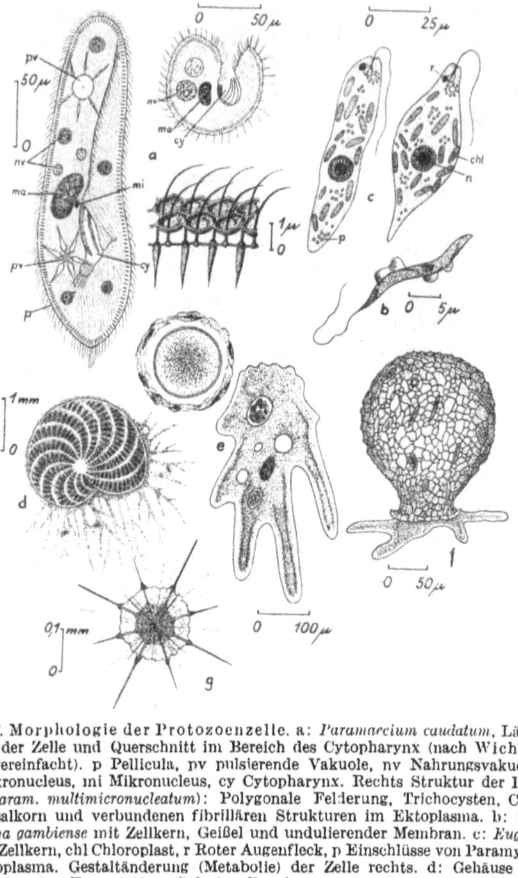

Abb. 20. Morphologie der Protozoenzelle. a: *Paramaecium caudatum*, Längsansicht der Zelle und Querschnitt im Bereich des Cytopharynx (nach Wichterman, vereinfacht). p Pellicula, pv pulsierende Vakuole, nv Nahrungsvakuolen, ma Makronucleus, mi Mikronucleus, cy Cytopharynx. Rechts Struktur der Pellicula (*Param. multimicronucleatum*): Polygonale Felderung, Trichocysten, Cilien mit Basalkorn und verbundenen fibrillären Strukturen im Ektoplasma. b: *Trypanosoma gambiense* mit Zellkern, Geißel und undulierender Membran. c: *Euglena deses*, n Zellkern, chl Chloroplast, r Roter Augenfleck, p Einschlüsse von Paramylum im Cytoplasma. Gestaltänderung (Metabolie) der Zelle rechts. d: Gehäuse und Rhizopoden einer Foraminifere (*Polystomella crispa*). e: *Amoeba proteus* mit Zellkern und Vakuolen, die z. T. Reste der aufgenommenen Nahrung enthalten. Hyalines Ektoplasma und granuliertes Entoplasma. Links darüber Cyste. f: Gehäuse einer Thecamoebe (*Difflugia urceolata*). g: Radiolar (*Acanthometron elasticum*) mit Skelettnadeln und Pseudopodien. Äußeres vakuolenreiches und inneres dichtes Cytoplasma.

aufweisen. Ciliaten führen zwei Sorten von Zellkernen, Makronuclei und Mikronuclei, die sich durch ihren Bau, das Verhalten während der Zellteilung, durch ihre Funktion und meist auch durch ihre Größe voneinander unterscheiden. Für den geordneten Ablauf der Lebensfunktionen in der Zelle ist der Makronucleus (somatischer Zellkern) unentbehrlich. Der Mikronucleus ist Träger genetischer Funktionen bei der geschlechtlichen Fortpflanzung (generativer Zellkern).

Das Cytoplasma hat die gleiche Struktur und chemische Zusammensetzung, die wir auch sonst antreffen. Eine Differenzierung in ein äußeres homogenes Ektoplasma und ein Vakuolen und andere Einschlüsse führendes Endoplasma ist oft deutlich zu erkennen. Mitochondrien sind bei vielen Protozoen nachgewiesen worden und wohl allgemein vorhanden. Als Reservestoffe werden Eiweißkörper, Öl, Kohlenhydrate (Stärke, Glykogen und andere Polysaccharide) gespeichert.

Weit verbreitet, besonders bei Süßwasser bewohnenden Arten, sind kontraktile, pulsierende Vakuolen, die bei der Kontraktion den aus dem Cytoplasma stammenden, wäßrigen Zellsaft in die Umgebung ausstoßen. Sie dienen der Exkretion und der Regulierung des osmotischen Druckes im Protoplasten.

In der Klasse der Flagellaten finden wir neben zahlreichen farblosen Formen auch solche, die chlorophyllhaltige grüne, gelbe oder braune Chromatophoren besitzen und CO_2 assimilieren. Von Vorfahren dieser chlorophyllbildenden Flagellaten («Phytoflagellaten») stammen wahrscheinlich die Algen ab, auch zu den Pilzen scheinen Verbindungen zu bestehen. Wir treffen also bei den Flagellaten auf gemeinsame Wurzeln des Tier- und Pflanzenreichs. Allen übrigen Klassen der Protozoen fehlen Chromatophoren, sie leben saprophytisch oder parasitisch. In einigen Fällen (bei Radiolarien, Ciliaten usw.) sind die Zellen durch symbiontische Algen grün oder gelblichbraun gefärbt (vgl. Tl. II).

Formbeständigkeit. Starre Zellwände aus Cellulose, Hemicellulose oder Pektin sind nur bei einem Teil der gefärbten Flagellaten vorhanden. Feste, oft mehrschichtige

Wände haben ferner die Dauerzellen (Cysten), wie sie z. B. bei Amöben vorkommen. Die Mehrzahl der Protozoen hat nackte Zellen, deren Oberfläche durch eine feine, hyaline Membran (Pellicula) gebildet wird. Die Pellicula ist ein Teil des Ektoplasmas. Sie gewährt den von der Kugelgestalt abweichenden Zellen eine gewisse Formbeständigkeit, besonders dann, wenn sie an ihrer Innenseite durch fibrilläre Elemente des Cytoplasmas verstärkt ist (Abb. 20a).

In vielen Fällen schließen jedoch weder die Pellicula noch die Fibrillen Kontraktionen, Knickungen und sonstige Formänderungen des Zellkörpers aus. Gestaltsveränderungen besonderer Art treten als Schreckbewegungen bei den mit einem kontraktilen Stiel versehenen festsitzenden Ciliaten auf, z. B. bei *Carchesium* und *Vorticella*. Elastische Fibrillen und zu einem „Stielmuskel" vereinigte, kontraktile Muskelfasern (Myoneme) sind am Einknicken oder schraubigen Einrollen und Strecken der Stiele beteiligt. Auch der Zellkörper nimmt an der Gestaltsveränderung teil und zieht sich zusammen.

Formbeständigkeit der Zelle kann auch durch Panzerung, Gehäuse- oder Skelettbildungen erzielt werden (Abb. 20). Fremdkörper verschiedener Art werden bei manchen Thekamöben durch eine organische, von der Zelle ausgeschiedene Substanz (Tektin) zu einem Gehäuse verkittet. Bei den Foraminiferen ist eine ein- oder vielporige, gekammerte Kalkschale vorhanden. Die Radiolarien besitzen ein Skelett aus Nadeln oder Gitterkugeln, das meist aus Kieselsäure besteht. Aus einzelnen mit Poren versehenen Celluloseplatten bestehen die Panzer der Peridineen-Zellen (Dinoflagellaten). Aus kompliziert gebauten Kalkplättchen ist der Panzer der Kalkflagellaten (Coccolithophoriden) zusammengesetzt.

2. Vermehrung der Zellen und Koloniebildung

Die ungeschlechtliche Vermehrung der Protozoen erfolgt durch Zweiteilung; seltener durch Knospung, einem der Sprossung bei Pilzen vergleichbaren, jedoch komplizierter verlaufenden Vorgang. Im einfachsten Fall, bei einer nackten Amöbe, findet im Verlauf von etwa 30 Minuten eine Durchschnürung des Zellkörpers in beliebiger Richtung statt. Bei polar gebauten Zellen ist die Teilungsebene festgelegt: Die Teilung verläuft als Querteilung oder Längsteilung (Abb. 21). Mit der Zellteilung ist eine Neubildung von Gehäuse- und

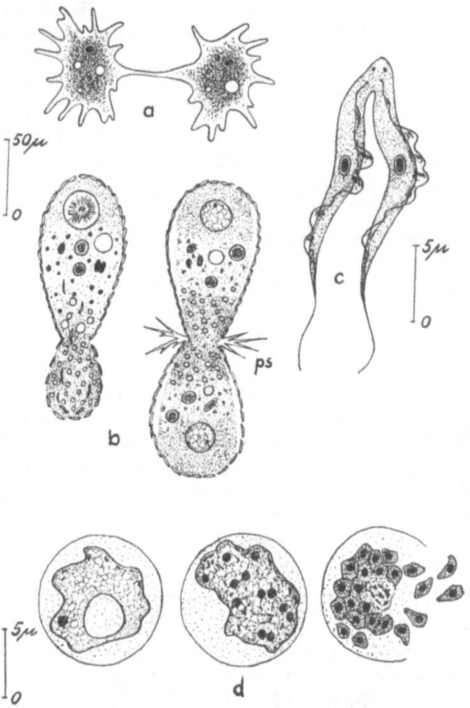

Abb. 21. **Zellteilung bei Protozoen.** a: Teilung (Durchschnürung) einer Amöbenzelle. b: zwei Stadien der Querteilung einer Thekamöbe (*Euglypha alveolata*). Neubildung des Gehäuses bei einer der beiden Zellen, ps Pseudopodien. c: Längsteilung bei Trypanosomen. d: Vielzellteilung bei *Plasmodium vivax* in Erythrocyten. Links Plasmodium vor der Teilung, Mitte u. rechts Teilungsstadien, freiwerdende Merozoiten.

Skelett-Teilen verbunden. Die Organellen des Cytoplasmas verhalten sich anscheinend verschieden, sie werden neu gebildet oder sie teilen sich ebenfalls wie z. B. das Basalkorn der Cilien. Besonders differenziert sind die mit der Zellteilung verbundenen Neubildungen und Umbildungen bei den Zellen der Ciliaten. Bei Thekamöben (Testaceen) kommen sowohl Quer- wie Längsteilungen vor. Bei Flagellaten überwiegt die Längsteilung, bei Dinoflagellaten die Querteilung, desgleichen bei Ciliaten. Knospung ist für die festsitzenden Suktorien charakteristisch; sie führt zur Entstehung Cilien-tragender Schwärmer, die sich später festsetzen. Der Entstehung von Planosporen und Aplanosporen bei Pilzen und Grünalgen entsprechen die Vorgänge der multiplen Teilung, die bei Flagellaten, Foraminiferen, Radiolarien, Sporozoen vorkommen. Bei Sporozoen werden sie je nach ihrer Stellung im Entwicklungsgang als geschlechtliche Schizogonie oder ungeschlechtlich verlaufende Sporogonie bezeichnet; die entstehenden Aplanosporen heißen Merozoiten (Abb. 21d) bzw. Sporozoiten.

Formen der geschlechtlichen Fortpflanzung kommen bei Protozoen in großer Mannigfaltigkeit als Kopulation oder Konjugation vor. Bei der Kopulation handelt es sich um eine dauernde Verschmelzung von zwei Zellen. Bei der Konjugation, die auf die Ciliaten beschränkt ist, treten die beiden kopulierenden Zellen nur zeitweise miteinander in Verbindung, wobei wechselseitig eine Verschmelzung und ein Austausch von Erbfaktoren zwischen Tochterkernen der beiden Kleinkerne (Mikronuclei) stattfindet.

Koloniebildung. Wie bei Protophyten sind auch bei Protozoen Kolonien der verschiedensten Art verbreitet. Sie fehlen nur bei den parasitischen Sporozoen. Im einfachsten Fall bleiben die Tochterindividuen kettenförmig miteinander verbunden (*Ceratium* und andere Dinoflagellaten). Einfach gebaute Kolonien, die durch Schleim zusammengehalten werden, kommen z. B. bei Radiolarien vor. Bei festsitzenden Ciliaten entstehen Kolonien durch die gemeinsame Ansiedlung gestielter Arten. Bei Arten mit verzweigten Stielen trägt jedes Stielende ein Individuum, und die Individuen einer

Kolonie bleiben über die Fibrillen der Stiele ständig miteinander in Verbindung (*Zoothamnium*). Die Kolonie reagiert dann auf äußere Reize als Ganzes.

Auch eine Arbeitsteilung in somatische und generative Zellen kann bereits vorhanden sein. Den höchsten Grad erreicht die Koloniebildung bei den Volvociden. Bei den Hohlkugeln von *Volvox* handelt es sich um einen Zellenstaat, der auf dem Weg über die Koloniebildung eine bedeutende Organisationshöhe erreicht hat. Mehrere 1000 Zellen, durch Plasmabrücken miteinander verbunden, bauen bei *Volvox globator* die Hohlkugel auf. Die beiden wichtigsten Lebensfunktionen, Ernährung und Fortpflanzung sind voneinander getrennt. Die meisten Zellen haben somatische Funktion, sie assimilieren und nehmen Nährstoffe aus dem Wasser auf. Nur in der einen Hemisphäre der Hohlkugel liegen generative Zellen. Bei der ungeschlechtlichen Vermehrung teilen sich einzelne Zellen zu Tochterkugeln auf, die in das Innere der Mutterkolonie ausgestoßen werden; erst beim Absterben und Zerfall der Mutterkolonie werden sie frei. Die geschlechtliche Fortpflanzung verläuft als Oogamie, wobei die Eizellen von Spermatozoiden befruchtet werden.

3. Einrichtungen zur Fortbewegung

Abgesehen von den schon erwähnten Gestaltveränderungen der Zellen gibt es bei allen Klassen der Protozoen Einrichtungen, die eine aktive Ortsveränderung ermöglichen. Im einfachsten Fall finden wir bei Amöben und anderen Rhizopoden, vereinzelt bei Flagellaten, eine Kriechbewegung durch Pseudopodienbildung, wie wir sie schon bei den Schleimpilzen kennengelernt haben. Sie ist verbunden mit Strömung des dünnflüssigen Endoplasmas und mit einer ständigen Umwandlung von Endoplasma in Ektoplasma und umgekehrt.

In anderen Fällen, bei den Heliozoen und Radiolarien des Planktons, sind die Pseudopodien beständiger. Als feine Cytoplasmastrahlen (Axopodien) die durch zentrale Fibrillen ausgesteift sind, umgeben sie den festen Zellkörper und bleiben längere Zeit erhalten. Wieder ein anderer Typ, der durch lebhafte Plasmaströmung und zahlreiche Anastomosen ausgezeichnet ist (Rhizopodien-Netz), ist für Foraminiferen charakteristisch. Nahrungsteilchen verkleben mit den Axopodien und Rhizopodien und werden in das Cytoplasma aufgenommen und verdaut (Abb. 20).

Geißeln in wechselnder Zahl treten vor allem bei Flagellaten auf. Sie sind ebenso wie die in größerer Zahl vorhandenen, meist kürzeren Cilien Gebilde des Cytoplasmas. Sie haben wie die Geißeln der Pilz-Zoosporen eine kompliziertere Struktur als die einfachen fibrillären Geißeln der Bakterien. Ein zentrales Fibrillenbündel ist in eine Grundsubstanz eingelagert und wird von einer Membran umgeben. Im Cytoplasma enden sie meist in einem Basalkorn. Häufig ist in der Nähe des Geißelansatzes ein roter, Karotinoide enthaltender Augenfleck (Stigma) vorhanden. Bei manchen Flagellaten, z. B. bei den Trypanosomen, bleibt die Geißel fast in ihrer ganzen Länge mit dem Zellkörper durch eine dünne Cytoplasmahaut in Verbindung, die bei den Geißelschwingungen an der Bewegung teilnimmt (undulierende Membran). Eine ähnliche Einrichtung kommt bei Spirochäten (vgl. S. 32) vor. Bei den Ciliaten ist die Körperoberfläche ganz oder nur in bestimmten Bezirken mit zahlreichen kurzen Wimpern (Cilien) besetzt. Mehrere Tausend solcher Cilien können je Zelle vorhanden sein. Eine Gleitbewegung, die vermutlich mit Schleimausscheidungen, vielleicht auch mit Kontraktionen des Zellkörpers, zusammenhängt, ist für die Gregarinen bezeichnend.

Auf passive Bewegungsvorgänge trifft man bei Plankton-Protozoen. So bewirken Änderungen des spezifischen Gewichtes der Zelle, verursacht durch Veränderungen im Gasgehalt (CO_2) von Vakuolen, bei Heliozoen und Radiolarien das Aufsteigen und Absinken der im Wasser schwebenden Zellen.

4. Ernährungsweise

Zwei Grundformen treten bei Protozoen auf: Im einen Fall werden die Nährstoffe aus der Umgebung in gelöster Form durch die Zelloberfläche aufgenommen; es ist die Art der Ernährung, die auch für die überwiegende Menge der pflanzlichen Mikroorganismen charakteristisch ist (Osmotrophie).

Im anderen Fall werden geformte Nahrungspartikel aufgenommen, Zellen anderer Protozoen, Bakterien- oder Algenzellen, organischer Detritus usw. (Phagotrophie). Osmotrophie ist bei Flagellaten und Sporozoen vorhanden, Phagotrophie bei Rhizopoden und Ciliaten, jedoch kommen beide Ernährungsweisen auch nebeneinander vor, oder es gelingt eine Umstellung von Phagotrophie auf Osmotrophie wie bei dem in Nährlösung kultivierbaren Ciliat *Tetrahymena pyriformis*. Bei Phagotrophie werden die Nahrungsteilchen durch Pseudopodien aufgenommen (Rhizopoden), oder es sind besondere, mannigfaltig ausgestaltete Organellen vorhanden (Cytostom der Ciliaten) (vgl. Abb. 20). Eine Amöbe kann z. B. Nahrungsteilchen mit ihren Pseudopodien umfließen und in eine Vakuole im Cytoplasma aufnehmen. Unverdauliche Reste werden ausgeschieden. Bei Ciliaten gelangen die Nahrungsteilchen meist mit dem Wasserstrom in das Cytostom („Strudler"). Sie treten ebenfalls in eine sich bildende Nahrungsvakuole über und werden verdaut. Auch hier werden die Reste in das umgebende Wasser entleert, häufig an einer besonderen Stelle der Körperoberfläche (Zellafter, Cytopyge).

Während die phagotrophen Protozoen stets heterotroph leben, d. h. auf organische Nährstoffe angewiesen sind, kommt Osmotrophie sowohl bei Chlorophyll-führenden Kohlenstoffautotrophen wie bei saprophytisch und parasitisch lebenden Flagellaten und bei den parasitisch lebenden Sporozoen vor.

VIII. Überblick über die Taxonomie der Bakterien, Cyanophyceen, Schleimpilze, Pilze und Protozoen[1])

1. Bakterien

Es ist heute noch nicht möglich, ein auch nur einigermaßen befriedigendes System der Bakterien aufzustellen. Die Gründe hierfür sind verschiedener Art: morphologische Eintönigkeit, unzureichende cytologische und entwicklungsgeschichtliche Kenntnisse, Unsicherheit über die Verbreitung der geschlecht-

[1]) Als Beispiel sind bei den einzelnen Gruppen besonders die Gattungen aufgeführt, die an anderen Stellen im Text erwähnt werden.

lichen Fortpflanzung, die sich bei anderen Organismen in Verbindung mit der Entwicklungsgeschichte vor allem als Einteilungsprinzip bewährt hat, und schließlich Unsicherheit in der Bewertung physiologischer Merkmale, die man bei Bakterien zur Ergänzung der morphologischen Merkmale heranziehen muß.

So beruhen alle taxonomischen Versuche bei den Bakterien auf einer Verbindung morphologischer und physiologischer Merkmale und haben in vielen Fällen nur vorläufigen Wert. Dies gilt für die Abgrenzung der Arten voneinander und für die Definition der Gattungen und ihre Zusammenfassung zu Familien.

Eine Gesamtdarstellung der Bakteriensystematik neueren Datums in deutscher Sprache gibt es nicht. BERGEY's Manual[1]) und KRASSILNIKOWS Systematik der Bakterien und Actinomyceten[1]) geben einen Überblick über den Bestand an Familien, Gattungen und Arten, der in zahlreiche Ordnungen aufgegliedert ist. In Bergey's Manual werden z. B. 11 Ordnungen mit etwa 50 Familien und rund 1500 definierten Arten bakterienartiger Organismen unterschieden. Für unsere Zwecke genügt eine wesentlich vereinfachte Darstellung.

Wir fassen als Eubakterien die Kugel-, Stäbchen- und Schraubenformen zusammen. Von ihnen leiten die Mycobakterien zu den Actinomyceten über. Die Chlamydobakterien sind wohl nur als eine vorläufige Zusammenfassung fädiger, mit einer Scheide versehener Formen anzusehen. Die Myxobakterien nehmen eine isolierte Stellung ein, desgleichen die Spirochäten.

Für sämtliche Bakterien ist gemeinsam das Fehlen von cytologisch definierten Zellkernen, wie sie bei höheren Organismen vorhanden sind, und das Fehlen von Chromatophoren (Chloroplasten usw.). Wenn Assimilations-Farbstoffe vorhanden sind, so sind sie in wesentlich feinerer Verteilung im Cytoplasma enthalten.

---

[1]) Nähere Angaben siehe Teil II.

Eubacteriales

Micrococcaceae. Kugelformen (Kokken) in verschiedener Anordnung. Meist unbeweglich. Vereinzelt Sporen bildend.
Micrococcus, *Staphylococcus*, *Streptococcus*, *Sarcina*, *Thiosarcina*, *Siderocapsa*.

Bacteriaceae[1]. Stäbchen. Sporen fehlen. Unbeweglich oder peritrich begeißelt.
Escherichia, *Aerobacter*, *Salmonella*, *Azotobacter*, *Acetobacter*, *Rhizobium*, *Sideromonas*, *Butyribacterium*, *Lactobacterium*, *Propionibacterium*, *Corynebacterium*, *Erysipelothrix*.

Bacillaceae. Stäbchen. Sporen bildend. Unbeweglich oder peritrich begeißelt.
Bacillus (aerob), *Clostridium* (anaerob).

Pseudomonadaceae. Stäbchen. Sporen fehlen. Überwiegend beweglich mit einer oder mehreren polaren bis subpolaren Geißeln (monotrich, lophotrich).
Pseudomonas, *Rhodopseudomonas*, *Nitrosomonas*, *Nitrobacter*, *Thiobacterium*, *Methanomonas*, *Hydrogenomonas*, *Zymomonas*.

Spirillaceae. Schraubenförmig gekrümmte Stäbchen. Vereinzelt Sporen bildend. Beweglich mit einer oder mit mehreren polaren Geißeln.
Vibrio, *Desulfovibrio*, *Cellvibrio*, *Spirillum*, *Thiospirillum*, *Rhodospirillum*.

Mycobacteriaceae. Dünne, oft gebogene Stäbchen mit echten Verzweigungen. Sporen fehlen. Unbeweglich.
Mycobacterium.

Rickettsiaceae. Kleinzellig, oft kokkoid, pleomorph. Sporen fehlen. Unbeweglich.
Rickettsia.

Actinomycetales

Actinomycetaceae. Mycel aus feinen, verzweigten, querwandlosen Fäden. Frühzeitiger Zerfall in stäbchen- oder kokkenförmige Bruchstücke und bakterienartiges Wachstum bei einzelnen Gattungen. Im Luftmycel Aufteilung von Fäden in Luftsporen.

---

[1]) Die Familie der Bacteriaceen und die Gattung *Bacterium* sind in neueren taxonomischen Systemen aufgeteilt worden. Die Bezeichnung « *Bacillus* » (auch in Zusammensetzungen) sollte für nicht-sporenbildende Formen vermieden werden, also z. B. « *Lactobacterium* », nicht « *Lactobacillus* ».

Sporangiosporen und Konidien kommen vor. Keine typischen Endosporen, wie sie bei Eubakterien vorkommen. Meist unbeweglich.
Mycococcus, *Micromonospora*, *Nocardia*, *Actinomyces*, *Streptomyces*, *Actinoplanes*, *Streptosporangium*.

Chlamydobacteriales

Chlamydobacteriaceae. Von Scheiden umgebene Zellfäden, unverzweigt oder unecht verzweigt. Keine typischen Endosporen. Vermehrung nur durch Fadenbruchstücke oder Fadenzellen oder durch geißeltragende oder unbewegliche Fortpflanzungszellen.
Cladothrix (*Sphaerotilus*), *Crenothrix*, *Leptothrix*.

Myxobacteriales

Schwarmbildende, Kriechbewegung zeigende Stäbchen. Keine typischen Endosporen. Verkürzung der Stäbchen zu sporenartigen, unbeweglichen Fortpflanzungszellen (Microcysten). Meist Fruchtkörper bildend.
Myxococcus, *Polyangium*, *Chondromyces*. *Cytophaga* (ohne Fruchtkörper und Microcysten), *Sporocytophaga* (mit Microcysten).

Spirochaetales

Gestreckte, bewegliche Zellen von geringer Dicke, ohne feste Zellwand. Elastische Achsenfäden und undulierende membranartige Bildungen kommen vor. Vermehrung durch Querteilung. Sexualität unbekannt. Verwandtschaft mit Flagellaten oder mit Cyanophyceen ist vermutet worden. Keine Endosporen.
Spirochaeta, *Treponema*, *Cristispira*, *Leptospira*, *Borrelia*.

Anhang: Eine Anzahl von Gattungen läßt sich vorerst noch nicht befriedigend einordnen. Hierhin gehören z. B. *Gallionella*, *Nevskia*, *Caulobacter* und andere gestielte Formen („Caulobakterien", hierzu vielleicht auch *Hyphomicrobium*), ferner *Chlorobium* und andere Chloromikroben (grüne Bakterien), von denen auch eine Zugehörigkeit zu den Cyanophyceen vermutet worden ist, *Achromatium*, *Chromatium*, *Thiovulum*, *Rhabdochromatium* und viele andere Schwefelmikroben und Schwefelpurpurmikroben. Bei manchen von den letztgenannten steht noch nicht einmal fest, ob sie überhaupt zu den Bakterien gehören.

2. Cyanophyceen

Es handelt sich um einzellige, koloniebildende, vielzellige, auch thallusbildende Organismen, im Habitus an echte Algen erinnernd, von diesen jedoch cytologisch scharf unterschieden. Sexualität fehlt. Die Unterteilung in Reihen, Familien und Gattungen stützt sich auf entwicklungsgeschichtliche und morphologische Merkmale. Die Abgrenzung der Arten voneinander beruht oft nur auf Größenunterschieden der Zellen.

Chroococceae. Einzellig oder in Kolonien, oft stark schleimbildend. Ohne Sporen oder Heterocysten. Zellen in den Kolonien ungeordnet oder durch Vorherrschen bestimmter Teilungsrichtungen zu Tafeln, Würfeln, Hohlkugeln oder Netzen angeordnet.
Aphanocapsa, *Chroococcum*, *Gloeocapsa*, *Merismopedia*, *Cyanodictyon.*

Chamaesiphoneae. Fadenförmig und in pseudoparenchymatischen, thallusartigen Verbänden mit festsitzender Sohle. Auch festsitzende, faden- oder bandförmige durch Schleimbildung zusammengehaltene Kolonien kommen vor, die als Übergang zur Vielzelligkeit aufgefaßt werden können. Seltener einzellig festsitzend und in Basis und Spitze differenziert. Sporen meist vorhanden.
Pleurocapsa (thallusbildend), *Chamaesiphon* (einzellig), *Siphonema* (faden- und bandförmige Zellverbände).

Hormogoneae. Fadenformen mit zarten oder stärker entwickelten, scheidenförmigen Schleimhüllen, meist unverzweigt oder mit dichotomen oder seitlichen Verzweigungen. Fäden meist einzeln lebend oder Schleimkolonien bildend oder zu mehreren in einer Scheide. Beweglich. Hormogonien bildend. Mit oder ohne Heterocysten. Endosporen und Exosporen fehlen.
Zu den Hormogoneae gehören die farblosen, autotrophen Beggiatoaceen (aerobe Schwefelmikroben, vgl. S. 97), ferner einige saprophytisch lebende Arten.
Stigonema, *Rivularia*, *Scytonema*, *Aphanizomenon*, *Nostoc*, *Anabaena*, *Oscillatoria*, *Spirulina*, *Phormidium*, *Lyngbya*, *Schizothrix.*
Beggiatoaceen: *Beggiatoa*, *Thiothrix*, *Thioploca.*

Anhang: Zu den Cyanophyceen müssen wahrscheinlich die einzelligen Chloromikroben (grüne Bakterien) gestellt werden, die in die ökologische Gruppe der anaeroben farbigen Schwefelmikroben gehören (vgl. S. 94). *Chlorobium*, *Pediochloris*, *Pelodictyon.*

3. Schleimpilze

Myxomyceten und Acrasieen haben keine näheren verwandtschaftlichen Beziehungen zu den Pilzen, was man zunächst nach ihrem Namen vermuten sollte, ebensowenig zu den

Myxobakterien. Manches spricht für eine Ableitung von den Flagellaten oder Rhizopoden. Vegetationskörper ist ein Syncytium (Plasmodium der Myxomyceten) oder ein Schwarm von Amöben (Pseudoplasmodium der Acrasieen). Endosporen fehlen. Die Sporen gehen in Fruchtkörper-artigen Organen aus dem Plasmodium oder aus den Amöben des Schwarmes hervor.

Myxomyceten: *Fuligo, Leocarpus, Badhamia, Camproderma, Didymium.*

Acrasieen: *Dictyostelium.*

4. Pilze

Nach dem Fehlen oder Vorhandensein von Querwänden in den vegetativen Hyphen werden Phycomyceten oder Algenpilze und Eumyceten oder höhere Pilze unterschieden. Bei den Eumyceten erfolgt die weitere Einteilung nach dem Vorkommen charakteristischer, in Beziehung zur geschlechtlichen Fortpflanzung stehender Sporen, der Asco- und Basidiosporen. Beide Unterklassen der Eumyceten entsprechen den natürlichen Verwandtschaftsverhältnissen, während die verwandtschaftlichen Beziehungen zwischen den Ordnungen der Phycomyceten in vielen Fällen unklar sind. Auch bei den Pilzen müssen in manchen Fällen zur Abgrenzung der Arten, z. B. bei Saccharomyceten, physiologische Merkmale herangezogen werden. Von den Phycomyceten und Eumyceten greifen wir einige Gruppen heraus, ohne das vollständige System wiederzugeben.

Phycomyceten. Die einfachsten Vertreter gehören zu den Gruppen der Chytridiales und Blastocladiales, parasitisch oder saprophytisch im Erdboden oder im Wasser lebenden Formen, deren Vegetationskörper nur aus einer oder wenigen, häufig nackten (zellwandlosen) Zellen besteht.

Plasmodiophora, Allomyces.

Bei den Oomyceten ist das gemeinsame Merkmal das Vorkommen von Eizellen, die nach Befruchtung durch Spermatozoiden (*Monoblepharis*) oder durch Spermakerne des Antheridiums zu Oosporen werden (Oogamie) und eine Ruheperiode durchlaufen. Die ungeschlechtliche Fortpflanzung erfolgt bei wasserbewohnenden Arten durch Zoosporen. Bei landbewohnenden Arten können an ihre Stelle Sporangien treten, die je nach Artzugehörigkeit und äußeren Bedingungen Zoosporen bilden oder sich als Ganzes wie eine Konidie verhalten und mit einem Keimschlauch keimen. In den Zellwänden ist Cellulose nachgewiesen worden.

Wasserbewohnend: *Saprolegnia*, *Achlya*, *Monoblepharis*. Landbewohnend: *Phytophthora*, *Peronospora*.

Bei den zu den Zygomyceten gehörenden Mucoraceen verläuft die geschlechtliche Fortpflanzung als Kopulation von Hyphenästen (Gametangien). Das Verschmelzungsprodukt ist eine vielkernige, dickwandige Zygote, die eine Ruheperiode durchmacht. Der ungeschlechtlichen Vermehrung dienen Sporangien mit unbeweglichen Sporen oder aus den Sporangien abgeleitete Konidien. Die Zellwände der Mucoraceen enthalten Chitin. Die Zygoten der Mortierellaceen und Endogonaceen sind von einer Hyphenhülle umgeben, der ersten Andeutung einer Fruchtkörperbildung. Bei den Basidiobolaceen treten Querwände im vegetativen Mycel auf.

Mucor, *Rhizopus*, *Phycomyces*, *Pilobolus*, *Sporodinia*, *Thamnidium*, *Chaetocladium*, *Mortierella*, *Endogone*, *Basidiobolus*.

Ascomyceten. Die Saccharomyceten und Schizosaccharomyceten (Hefepilze) sind rückgebildete Formen, bei denen an Stelle von Mycelien nur Verbände von Sproß- oder Spaltzellen oder aus Sproßzellen bestehende Pseudomycelien gebildet werden. Sie werden von den mycelbildenden Endomycetaceen abgeleitet. Fruchtkörper fehlen. Der Ascus geht aus einer einzelnen Zelle hervor, oder er ist das Kopulationsprodukt zweier Zellen, das zum Ascus wird. Bei anderen Arten findet eine Kopulation zwischen keimenden Ascosporen oder zwischen Sproßzellen statt. Die Pseudosaccharomyceten (Cryptococcaceen) unterscheiden sich von den Saccharomyceten durch das Fehlen der Ascosporenbildung.

Saccharomyces mit zahlreichen Kulturrassen von Bierhefen, Weinhefen, Brennereihefen, Bäckerhefen, *Zygosaccharomyces*, *Hansenula*, *Pichia*, *Schizosaccharomyces*.

Perithecienbildende Ascomyceten. Die Asci der Pyrenomyceten sind in geschlossenen oder mit einer Öffnung versehenen, kugligen oder krugförmigen Fruchtkörpern (Perithecien) enthalten, in denen sie regellos verteilt oder in Gruppen oder in einem Hymenium zusammengefaßt sind.

Die Aspergillaceen sind weit verbreitete Schimmelpilze. Ungeschlechtliche Vermehrung durch Konidien. Perithecien nur bei einem Teil der Arten bekannt.
Aspergillus, *Penicillium*.
Gymnoascaceae: *Ctenomyes*, *Gymnoascus*.
Die Erysiphaceen oder echten Mehltaupilze sind Pflanzenparasiten, deren Mycel extrazellulär auf der Oberfläche der befallenen Pflanzen lebt und mit Haustorien in Wirtszellen eindringt.
Erysiphe.
Zu den höheren Pyrenomyceten gehört der Mutterkornpilz, *Claviceps purpurea*, dessen Ascosporen die Fruchtknoten von Roggen und einigen anderen Gräsern infizieren. Der von Pilzhyphen durchwachsene Fruchtknoten wird in ein Sklerotium umgewandelt.
Claviceps, *Xylaria*, *Chaetomium*, *Neurospora*, *Cordyceps*.

Apothecienbildende Ascomyceten. Die Apothecien der Discomyceten öffnen sich bei der Reife becher- oder schüsselförmig. Die Mehrzahl der in den Flechten mit Algen in Symbiose lebenden Pilze sind Discomyceten (vgl. Teil II). Gestielte, hutförmige Fruchtkörper besitzen die Morcheln.
Sclerotinia, *Rhytisma*, *Peziza*, *Morchella*, *Helvella*.

Basidiomyceten

Hymenomycetales. Hierhin gehört die Mehrzahl der „Hutpilze", deren Fruchtkörper an der Unterseite des Hutes das röhren- oder lamellenförmige, basidienführende Hymenium mit ungeteilten Basidien tragen. Zahlreiche Hymenomyceten leben als Mycorhizapilze auf oder in den Wurzeln höherer Pflanzen.
Merulius, *Boletus*, *Polyporus*, *Psalliota*, *Amanita*, *Armillaria*, *Lactarius*, *Cortinarius*, *Tricholoma*, *Marasmius*, *Xerotus*, *Corticium*.

Gastromycetales. Geschlossene Fruchtkörper von kompliziertem Bau, die sich erst bei der Reife öffnen. Basidien ungeteilt.
Bovista, *Lycoperdon*, *Ithyphallus*, *Sphaerobolus*, *Dictyophora*, *Rhizopogon*, *Scleroderma*.

Uredinales und **Ustilaginales.** Beide Gruppen umfassen parasitisch lebende Pilze, die keine Fruchtkörper bilden. Bei den Uredinales kommt Wirtwechsel vor.
Die quergeteilte Basidie („Promycel") geht aus einer Probasidie (Teleutospore, Brandspore) hervor, sie bildet 4 Basidiosporen (Sporidien).
Der Entwicklungsgang der Uredinales (Rostpilze) ist durch das Vorkommen von Spermatien (Pyknosporen) und von ver-

schiedenen Sporenformen (Aecidiosporen, Uredosporen, Teleutosporen, Sporidien) gekennzeichnet, die bei Gattungen mit abgekürztem Entwicklungsgang z. T. fehlen.

Puccinia, *Melampsora*, *Gymnosporangium*.

Die Ustilaginales (Brandpilze) verfügen dagegen nur über Brandsporen und Sporidien. Die Sporidien lassen sich bei einigen Arten auf künstlichen Nährböden kultivieren, wobei sie sich durch Sprossung vermehren.
Ustilago, *Tilletia*.

Fungi imperfecti. Da sich die Systematik der Pilze auf der Hauptfruchtform (Zygospore, Ascospore, Basidiospore usw.) aufbaut, die Nebenfruchtformen (Sporen, die nicht in Beziehung zum Kernphasenwechsel stehen, Konidien, Oidien, Sproßzellen usw.) dagegen für die Abgrenzung der großen systematischen Gruppen unwesentlich sind, lassen sich Pilze, die keine Hauptfruchtform besitzen oder bei denen sie noch nicht aufgefunden worden ist, nicht einordnen. Sie werden in der umfangreichen Gruppe der Fungi imperfecti zusammengefaßt. Bei der Mehrzahl von ihnen handelt es sich, nach ihrem Habitus zu urteilen, um Nebenfruchtformen von Ascomyceten.

Cladosporium, *Septosporium*, *Rhizoctonia*, *Dematium*, *Botrytis*, *Oidium*, *Stachybotrys*, *Myrothecium*, *Fusarium*, *Achorium*, *Microsporum*. Pseudosaccharomyceten (*Torula*, *Rhodotorula*, *Mycoderma*, *Pseudosaccharomyces*).

5. Protozoen

Die Einteilung erfolgt auf Grund morphologischer und entwicklungsgeschichtlicher Merkmale in vier Klassen, die in Unterklassen und zahlreiche Ordnungen unterteilt sind. Wir beschränken uns auf eine allgemeine Kennzeichnung der Klassen und geben einige wichtige Vertreter an.

Flagellata. Geißeln in verschiedener Zahl und Anordnung als Bewegungsmittel; es kommen jedoch auch geißellose Stadien (Palmellaformen) vor. Zellen formbeständig durch Pellicula, Eiweißfibrillen (Achsenstab) oder Cellulosewand, seltener amöboid. Vermehrung durch Längsteilung. Geschlechtliche Fortpflanzung durch Isogamie, Anisogamie oder Oogamie. Bei 5 von 9 Ordnungen kommen Plastiden mit Chlorophyll und gelben bis braunen Begleitfarbstoffen vor.

Chlorophyllführende Formen: *Chlorogonium*, *Euglena*, *Gonium*, *Volvox*, *Peridinium*, *Chlamydomonas*, *Chrysidella*.

Farblose Formen: *Polytoma*, *Trichomonas*, *Trypanosoma*, *Astasia*, *Lamblia*.

Rhizopoda. Pseudopodien, vereinzelt Geißeln als Bewegungsmittel. Formbeständigkeit bei einigen Ordnungen durch Schalen- oder Skelettbildungen erzielt. Vermehrung durch Zellteilung oder Knospung. Geschlechtliche Fortpflanzung selten.
Amöben, Heliozoen, Foraminiferen, Radiolarien.

Sporozoa. Parasiten. Aufnahme gelöster Nährstoffe. Generationswechsel. Vermehrung durch Merozoiten und Sporozoiten. Geschlechtliche Fortpflanzung durch Autogamie, Isogamie oder Heterogamie.
Plasmodium, *Coccidium*, *Eimeria*, *Gregarina*.

Ciliata (Infusoria). Wimpern (Cilien) als Bewegungsmittel. Zellen mit Makro- und Mikronucleus. Vermehrung durch Querteilung. Knospung bei Suktorien. Geschlechtliche Fortpflanzung durch Konjugation. Formbeständigkeit durch Pellicula. Aufnahme geformter Nahrung durch Zellmund.
Paramaecium, *Glaucoma*, *Stentor*, *Opalina*, *Tetrahymena*, *Vorticella*, *Zoothamnium*.

B. Physiologie der Ernährung und des Stoffwechsels

I. Physik und Chemie der Zelle

1. Chemische Zusammensetzung

Wir können uns über die stoffliche Zusammensetzung der Mikrobenzelle unterrichten, indem wir zunächst das Frischgewicht und das Trockengewicht und alsdann durch Verbrennung der Trockensubstanz den Aschengehalt und die organische Substanz einschließlich des organisch und anorganisch gebundenen Stickstoffs ermitteln.

Es ergibt sich, daß die Mikroben ähnlich den saftigen Teilen höherer Pflanzen in ihren vegetativen Zellen einen erheblichen Wassergehalt aufweisen und daß die Aschensubstanz, abgesehen von Arten mit Skelettbildungen usw., nur einen geringen Bruchteil der Trockensubstanz ausmacht. Die chemische Analyse der Asche ergibt das Vorhandensein zahlreicher Elemente, von denen jedoch nur ein Teil lebensnotwendig ist. In der lebenden Zelle sind diese Elemente meist organisch gebunden.

Der Wassergehalt liegt etwa zwischen 75 und 85% des Frischgewichtes, der Aschengehalt zwischen 1 und 15% der Trockensubstanz. Beide Werte schwanken erheblich je nach der Artzugehörigkeit und vor allem den Bedingungen der Ernährung und des Standortes, unter denen sich der betreffende Organismus entwickelt hat. In der Zusammensetzung der Asche stehen P_2O_5 und K_2O meist an erster Stelle.

Die organische Substanz der Zellen enthält zahlreiche verschiedene Verbindungen, unter denen Proteine, Proteide (vor allem Nucleoproteide), Kohlenhydrate und Lipoide an erster Stelle zu nennen sind; hinzu kommen Farbstoffe, organische Säuren usw. Diese Verbindungen verteilen sich auf den lebenden Protoplasten, die Zellwände, soweit solche vorhanden sind, den Zellsaft der Vakuolen und die Reservestoffe. Jede lebende Zelle verfügt über einen Bestand an Katalysatoren und Wirkstoffen, an Fermenten, Vitaminen, ferner an art- oder sogar rassenspezifischen, kompliziert gebauten organischen Verbindungen, die auf andere Lebewesen in vielen Fällen abtötend, hemmend oder fördernd einwirken und bei parasitisch lebenden, pathogenen Arten immunbiologisch als Antigene in Erscheinung treten können (vgl. Teil II).

Die Fermente (Enzyme) bewirken die Mehrzahl der Umsetzungen, sowohl im aufbauenden (assimilatorischen) wie im abbauenden (dissimilatorischen) Stoffwechsel; vor allem tritt ihre spaltende Wirkung beim Abbau organischer Verbindungen im Betriebsstoffwechsel in Erscheinung. Sie sind teils an das lebende Plasma gebunden, wirken also im Innern der Zelle und werden höchstens nach dem Tode frei (Endoenzyme), teils werden sie von der lebenden Zelle an das Substrat abgegeben und entfalten dort ihre Wirkung (Ektoenzyme). Ein Beispiel für die erste Gruppe ist die Zymase, der Fermentkomplex der alkoholischen Gärung — für die zweite Gruppe das Gelatine verflüssigende, proteolytische Ferment.

Hydrolasen. Einfache Spaltungen unter Aufnahme von Wasser (daher hydrolytische Fermente) ohne nennenswerten Energieumsatz. Es werden -C-O- und -C-N- Bindungen gespalten. Die zu den Esterasen gehörenden Lipasen spalten Fette in Fettsäuren und Glycerin. Auch Tannase, die z. B. von *Aspergillus niger* gebildet wird und Tannin in Gallussäure und Glucose zerlegt, ist eine Esterase, desgleichen die Enzyme, von denen Wachse in einwertige Fettsäuren und höhere Alkohole gespalten werden. Die Carbohydrasen spalten höher molekulare Kohlenhydrate in einfachere, z. B. Stärke in Maltose (Amylase oder Diastase), das Disaccharid Saccharose in die Hexosen Glucose und Lävulose (Saccharase oder Invertin).

Die Gruppe der Nucleasen spaltet in mehreren Stufen die Makromoleküle der Nucleinsäuren zu Nucleotiden, Nucleosiden, Pentosephosphat, Purin- und Pyrimidinkörpern.

Am Abbau der Proteine sind Proteinasen und Peptidasen beteiligt, von denen die ersten das große Eiweißmolekül in relativ große Teilmoleküle (Polypeptide) und die zweiten die Aminosäureketten der Polypeptide und Peptide in α-Aminosäuren zerlegen oder Aminosäuren aus ihnen abspalten. Über die Proteinasen der Mikroorganismen sind unsere Kenntnisse noch recht unvollkommen. Genuine nicht-denaturierte Proteine sind verhältnismäßig schwer angreifbar; leichter und häufiger wird Gelatine von Pilzen und Bakterien abgebaut und verflüssigt. Verbreitet bei Mikroorganismen sind z. B. das Labenzym (Rennin), Papain. Die Collagenase einiger *Clostridium*-Arten spaltet das Gerüsteiweiß Collagen, das im Bindegewebe und in den Sehnen des Tierkörpers vorkommt, und führt zum Zerfall der Gewebe. Die Tätigkeit der Amidasen erstreckt sich auf bestimmte Aminosäuren, Harnstoff, Hippursäure, Purinkörper; z. B. spaltet Urease Harnstoff in CO_2 und NH_3, Arginase die Aminosäure Arginin in Harnstoff und Ornithin, Hippurase (Histocym) Hippursäure in Benzoesäure und Glykokoll. Aus Purinkörpern werden NH_2-Gruppen als NH_3 abgespalten.

$$\begin{array}{l} \mathrm{CH_2O-OC-R}^{1)} \\ | \\ \mathrm{CHO-OC-R} \\ | \\ \mathrm{CH_2O-OC-R} \end{array} \xrightarrow[+\ 3\ \mathrm{H_2O}]{\textit{Lipase}} \begin{array}{l} \mathrm{CH_2OH} \\ | \\ \mathrm{CHOH} + 3\,\mathrm{HOOC-R} \\ | \\ \mathrm{CH_2OH} \end{array}$$

Neutralfett (Glycerin-Fettsäureester) — Glycerin + Fettsäure

$$\mathrm{C_{12}H_{22}O_{11}} \xrightarrow[+\ \mathrm{H_2O}]{\textit{Saccharase}} 2\,\mathrm{C_6H_{12}O_6}$$

Disaccharid Saccharose — Hexose Glucose + Lävulose

$$\ldots-\mathrm{HN}\overset{\overset{\displaystyle R_2}{|}}{\mathrm{C}}\mathrm{H-CO-HN}\overset{\overset{\displaystyle R_1}{|}}{\mathrm{C}}\mathrm{H-COOH} \xrightarrow[+\ \mathrm{HO_2}]{\textit{Peptidase}}$$

2 α-Aminosäuremoleküle aus einer Peptidkette

$$\ldots-\mathrm{HN}\overset{\overset{\displaystyle R_2}{|}}{\mathrm{C}}\mathrm{H-COOH} + \mathrm{H_2N}\overset{\overset{\displaystyle R_1}{|}}{\mathrm{C}}\mathrm{H-COOH}$$

Abspaltung der Aminosäure $\mathrm{R_1 \cdot CH(NH_2) \cdot COOH}$

$$\mathrm{CO(NH_2)_2} \xrightarrow[+\ \mathrm{H_2O}]{\textit{Urease}} \mathrm{CO_2} + 2\,\mathrm{NH_3}$$

Harnstoff

$$\mathrm{C}\begin{cases} \diagup \mathrm{NH_2} \\ -\mathrm{NH-CH_2 \cdot CH_2 \cdot CH_2 \cdot CH(NH_2) \cdot COOH} \\ \diagdown\!\diagdown \mathrm{NH} \end{cases} \xrightarrow[+\ \mathrm{H_2O}]{\textit{Arginase}}$$

l-Arginin

$$\mathrm{C}\begin{cases} \diagup \mathrm{NH_2} \\ \mathrm{O} \\ \diagdown \mathrm{NH_2} \end{cases} + \mathrm{CH_2(NH_2) \cdot (CH_2)_3 \cdot CH(NH_2) \cdot COOH}$$

Harnstoff — l-Ornithin

Desmolasen. Hier gehen die chemischen Veränderungen erheblich weiter, die Substrate werden unter Sprengung der C-Kette abgebaut, Oxydationen und Reduktionen spielen sich ab, und Energie wird frei.

---

[1]) R bedeutet ein organisches Radikal, hier z. B. die C-Kette der Fettsäuremoleküle.

Die energieliefernden Vorgänge in der Zelle, Atmung und Gärung, sind an die Tätigkeit desmolytischer Enzymsysteme gebunden. Zu den Desmolasen gehören außer einigen Hilfsenzymen die durch eine Verlagerung von H-Atomen gekennzeichneten Hydrokinasen (Oxydasen, Dehydrogenasen, fälschlich als Dehydrasen bezeichnet, und Mutasen). Eine der wichtigsten Oxydasen ist die an der Zellatmung aerober Mikroorganismen beteiligte Cytochromoxydase (WARBURGsches Atmungsferment). Die in den Zellen aerober Mikroorganismen vorhandene Katalase entgiftet H_2O_2, das im Atmungsstoffwechsel gebildet wird. Zu den Oxydasen zählt ferner Luciferase, die durch Oxydation eines in der Zelle gebildeten Stoffes (Luciferin) das Leuchten der Leuchtbakterien und mancher Pilze, z. B. des Hallimasch (*Armillaria mellea*) bewirkt.

Durch eine bei Pilzen und Bakterien häufig vorkommende Phenoloxydase, Tyrosinase, werden Phenole, ferner das Phenyl-haltige Tyrosin in dunkle Pigmente (Melanine) verwandelt. Eine Dehydrogenase (Succinodehydrogenase) führt Bernsteinsäure in Fumarsäure über. Die Aldehydmutasen bewirken eine oxydoreduktive Umsetzung von Aldehyden zu den entsprechenden Alkoholen und Säuren.

$$\underset{\text{Phenol}}{C_6H_5OH} \xrightarrow[-\,H_2\;+\,O]{\textit{Tyrosinase}} \underset{\text{o-Benzochinon}}{C_6H_4O_2} \longrightarrow \text{Melanin}$$

$$\underset{\text{Bernsteinsäure}}{\begin{array}{l} CH_2\cdot COOH \\ | \\ CH_2\cdot COOH \end{array}} \xrightarrow[-\,H_2]{\textit{Succinodehydrogenase}} \underset{\text{Fumarsäure}}{\begin{array}{r} CH\cdot COOH \\ \| \\ COOH\cdot CH \end{array}}$$

$$\underset{\text{2 Aldehyd-Moleküle}}{\left.\begin{array}{l} R\cdot CHO \\ R\cdot CHO \end{array}\right\}} \xrightarrow[+\,H_2O]{\textit{Aldehydmutase}} \underset{\text{Säure + Alkohol}}{\left\{\begin{array}{l} R\cdot CH_2OH \\ R\cdot COOH \end{array}\right.}$$

In diesen Beispielen handelt es sich um leicht zu überblickende Einzelreaktionen. In den Atmungs- und Gärungsfermenten, z. B. bei der Oxydation von Brenztraubensäure über den Citronensäure-Zyklus oder bei der Vergärung von Glucose durch den Zymase-Komplex, sind dagegen komplizierte Fermentsysteme wirksam, die den Abbau der organischen Ausgangsverbindungen und das Freiwerden der Energie über zahlreiche Zwischenstufen bewerkstelligen.

Zu den Desmolasen werden, gewissermaßen als Hilfsfermente, Decarboxylasen und Pherasen gestellt, von denen die ersten CO_2 aus der Säuregruppe . (COOH) abspalten und die zweiten bestimmte Radikale, z. B. NH_2-Gruppen (Transaminasen), von einem Substrat auf ein anderes übertragen. Es besteht z. B. die Tätigkeit der Transaminasen darin, daß sie die NH_2-Gruppe einer α-Aminosäure über eine Zwischenverbindung auf eine α-Ketosäure übertragen (vgl. S. 136).

Es müssen ferner Phosphorasen genannt werden, die organische Phosphatverbindungen aufbauen und Phosphat von einer Verbindung auf eine andere übertragen. Sie bewirken bei Atmung und Gärung die Bildung energiereicher Verbindungen (ATP usw.), die ihre Energie an Energie-verbrauchende Prozesse des Stoffwechsels abgeben.

Co-Ferment und Apo-Ferment. Nach der chemischen Konstitution gibt es zwei Gruppen von Fermenten, die einen sind Proteide, die anderen Proteine. Die Enzyme der ersten Gruppe bestehen wie alle Proteide aus einem Protein, dem Apo-Ferment und aus einer meist leicht abtrennbaren prosthetischen Gruppe, dem Co-Ferment. Beide zusammen ergeben das wirksame Holoferment. Die enzymatische Reaktion wird durch eine lockere Bindung des Substrates an das Apo-Ferment eingeleitet, die zu einer erhöhten Aktionsbereitschaft des Substrates (Aktivierung) führt. Die chemische Reaktion, die für den betreffenden enzymatischen Vorgang charakteristisch ist, spielt sich zwischen dem Co-Ferment und bestimmten Gruppen des Substrat-Moleküls ab. Es reagiert z. B. bei der Reduktion von Brenztraubensäure zu Milchsäure, wie sie von Milchsäurebakterien durchgeführt wird, das reduzierte Co-Ferment I (Dihydrocozymase) der Wasserstoff-übertragenden Milchsäure-Dehydrogenase[1]) mit der Keto-

[1]) Milchsäure-Dehydrogenase vermag sowohl Brenztraubensäure zu Milchsäure zu reduzieren wie Milchsäure zu Brenztraubensäure zu oxydieren (= dehydrieren).

Gruppe der Brenztraubensäure und reduziert sie, indem der Wasserstoff der Dihydrocozymase übertragen wird. Im Schema[1]) spielen sich folgende Vorgänge ab:

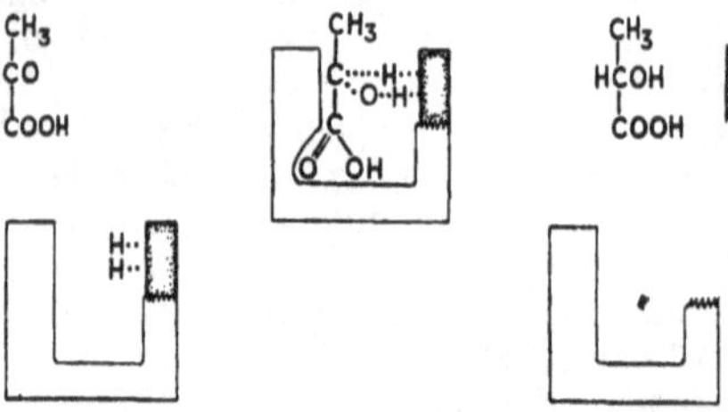

Vom Apo-Ferment hängt die Substratspezifität, von der prosthetischen Gruppe die Wirkungsspezifität des Holofermentes ab. Die gleichen prosthetischen Gruppen (Co-Fermente) können sich mit verschiedenen Apo-Fermenten verbinden. In vielen Fällen ist die Konstitution der Co-Fermente bekannt; auch Vitamine können die Rolle eines Co-Fermentes übernehmen (Tab. 2).

Tab. 2. Beispiele für prosthetische Gruppen von Enzymen

Prosthetische Gruppe	Wirkungsweise	Vorkommen
Haemin (ähnlich dem Chlorophyll ein Porphyrin, jedoch mit zentralem Fe anstelle von Mg)	Valenzwechsel (Fe im Porphyrinring)	Atmungsenzyme und Redoxsysteme aerober Mikroorganismen. Cytochromoxydase (O_2-übertragendes Atmungsferment von WARBURG), Cytochrome, Katalase

Fortsetzung Seite 73

[1]) Nach einer Vorlage von CLIFTON.

Tab. 2. Beispiele für prosthetische Gruppen von Enzymen

Prosthetische Gruppe	Wirkungsweise	Vorkommen
Lactoflavinphosphorsäure	Wasserstoff-Übertragung durch Valenzwechsel (N im Isoalloxazinring des Lactoflavins)	Gelbe Enzyme (Flavinenzyme)
Co-Dehydrogenase I (= Cozymase) (Diphosphopyridin-Nucleotid, DPN)	Wasserstoff-Übertragung durch Valenzwechsel (N im Nicotinsäureamid)	Milchsäure-Dehydrogenase, Alkohol-Dehydrogenase
Co-Dehydrogenase II (Triphosphopyridin-Nucleotid, TPN)		Glucose-6-Phosphat-Dehydrogenase, Glutaminsäure-Dehydrogenase
Co-Enzym A (CoA, enthält Adeninphosphoribose, Pantothensäure, Thioäthanolamin mit einer SH-Gruppe)	Aktivierung und Übertragung von Acetylgruppen (CH_3CO.) durch Bindung an die SH-Gruppe	Transacetylase
Adenosindiphosphat (ADP), Adenosintriphosphat (ATP)	Übertragung von Phosphorsäure in energiereichen Bindungen	Phosphorasen, Brenztraubensäure-Phosphokinase (ADP), Hexokinase (ATP)

Über den wirksamen Bestandteil der Proteinfermente ist dagegen kaum etwas bekannt. In einigen Fällen sind Metallionen, die auch an den Reaktionen der Proteidfermente teilnehmen können, als Aktivatoren notwendig. Die Mehrzahl der Desmolasen gehört zu den Proteidfermenten, während bei den Hydrolasen die Proteinfermente überwiegen.

Durch verschiedenartige Vorgänge der *enzymatischen Adaptation* können sich Mikroorganismen an die Verwertung von Nährstoffen anpassen, die ihnen für gewöhnlich nicht zugänglich sind. Die Anpassung kann auf der Selektion und allmählichen Anreicherung von Mutanten beruhen, oder sie erfolgt ohne Zellvermehrung durch Neubildung des adaptativen Enzyms in Gegenwart des Substrates. *Esch. coli* bildet nur dann die Ameisensäure-spaltende Formico-Dehydrogenase, wenn gewaschene Zellen in Ameisensäure-haltige Fleischbrühe übertragen werden; Zellvermehrung ist hierfür nicht erforderlich. Ein Stamm von *Esch. coli*, der Laktose nicht spalten kann (*Esch. coli mutabile*), bildet in alten Kulturen auf Laktose-haltigem Agar Tochterkolonien, die Laktose verwerten können. Hier ist die Anpassung an das neue Substrat offenbar durch Selektion von Mutanten erfolgt.

Autolyse. In der lebenden Zelle wird die Tätigkeit der Enzyme durch den Protoplasten geregelt. Wahrscheinlich ist die Mehrzahl der Endoenzyme auch in den Zellen der Mikroorganismen an bestimmte Enzym-Zentren im Cytoplasma gebunden, vergleichbar den Mitochondrien und Mikrosomen der Zellen höherer Organismen (vgl. Abb. 7). Stirbt die Zelle, so bleiben häufig die Fermente aktionsfähig und lösen nun, nachdem die Regulierung weggefallen ist, allmählich die Zellbestandteile auf, ein Vorgang, den man als Autolyse bezeichnet.

2. Physikalische Eigenschaften und physikalische Chemie

Für die lebende Zelle ist eine mit dem Mikroskop nicht erfaßbare Struktur des Protoplasten wesentlich, die durch den kolloidalen Zustand des Cytoplasmas und die Einhaltung eines bestimmten Quellungsgrades nur allgemein charakterisiert ist und beim Absterben der Zelle zerstört wird. Hier muß besonders auf die Struktur der Grenz- oder Hautschichten des Cytoplasmas hingewiesen werden, die für den Stoffaustausch, für die Aufnahme von Nährstoffen und die Abgabe von Stoffwechselprodukten von entscheidender Bedeutung ist. Die Hautschichten haben die Eigenschaft semipermeabler Membranen, an deren Aufbau wahrscheinlich Lipoidbezirke und Proteinbezirke mosaikartig beteiligt sind. Der Grad der Halbdurchlässigkeit ist jedoch nicht unabänderlich festgelegt, sondern kann durch die Zelle reguliert werden. Die Diffusion von gelösten Stoffen durch die Hautschicht hängt, abgesehen vom Konzentrationsgefälle, von verschiedenen Faktoren ab. Einmal spielt die Größe und Gestalt der diffundierenden Moleküle eine Rolle, die Hautschicht wirkt gewissermaßen wie ein äußerst feines Filter (Ultrafiltertheorie). Ferner kann sich die diffundierende Substanz entsprechend ihren chemischen Eigenschaften in den Lipoidanteilen der Hautschicht lösen und auf diese Weise die Hautschicht passieren (Lipoidtheorie), oder es können Vorgänge der Adsorption und des Ionenaustausches bei der Diffusion durch die Hautschicht und bei der Aufnahme in den Protoplasten beteiligt sein.

Die Ionen hydrolytisch dissoziierter Nährsalze können auch unabhängig voneinander in die Zelle aufgenommen werden. Das bei der Stoffaufnahme auftretende Wahlvermögen des Organismus beruht auf der Erscheinung des Ionenaustausches: schwach adsorbierte Ionen werden durch stärker adsorbierbare verdrängt und diffundieren in die Nährlösung. Umgekehrt können z. B. im Erdboden sich entwickelnde Pilze ungelöste oder an die Bodenteilchen adsorbierte Nährstoffe durch Ausscheidung von Säuren zur Aufnahme in die Zelle freimachen, ähnlich wie es für die Wurzeln höherer Pflanzen bekannt ist.

Die *Formbeständigkeit* der normalen, mit einer Zellwand umgebenen Zellen der Bakterien, Pilze und Algen wird dadurch erzielt, daß dem osmotischen Druck der im Zellsaft gelösten und im Cytoplasma enthaltenen osmotisch wirksamen Substanzen der Druck der elastisch gespannten Zellwand entgegenwirkt. Den aus osmotischem Innendruck und Gegendruck der Zellwand (Turgor) entstehenden Spannungszustand der lebenden Zelle bezeichnet man als Turgeszenz.

Bei Bakterien (Choleravibrionen) wurde auf Nähragar ein osmotischer Druck turgeszenter Zellen von etwa 1,4 bis 2,1 Atm. festgestellt.

Die Zellen der Protozoen, die im allgemeinen keine feste Zellwand besitzen, sind häufig metabol: Die Zelle vermag ihre Gestalt zu verändern, sie kann sich z. B. kontrahieren oder abrunden unter Mitwirkung der im Cytoplasma enthaltenen fibrillären Strukturen.

Wirkungen des osmotischen Druckes. Unter dem Einfluß osmotisch wirksamer, nicht diffundierender Stoffe erfolgt bei Protozoen, soweit sie keine Zellwand besitzen, eine Schrumpfung der ganzen Zelle. Beim Übertragen in destilliertes Wasser wird die Pellicula geschädigt, und der Protoplast zerfließt. Beim Vorhandensein einer Zellwand lassen sich die Zellen der Mikroben in vielen Fällen wie die Zellen der höheren Pflanzen unter Einwirkung osmotisch wirksamer Lösungen plasmolysieren, wenn der osmotische Druck der Lösung höher ist als der des Zellsaftes. Der Protoplast löst sich von der Zellwand ab, verkleinert allmählich seine Oberfläche und kann schließlich Kugelgestalt annehmen (Abb. 22).

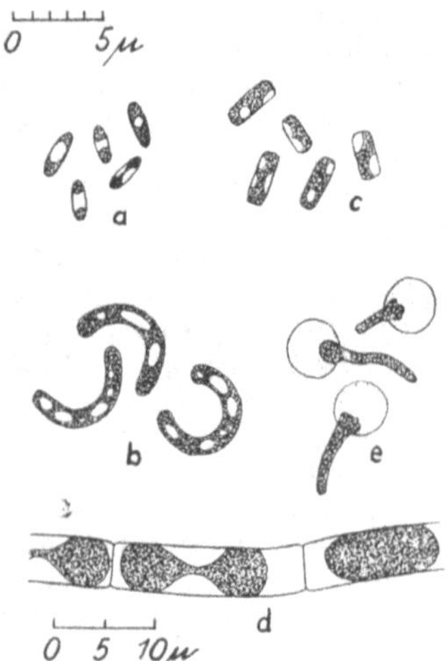

Abb. 22. Plasmolyse und Plasmoptyse. Plasmolyse: a: *Vibrio comma*. b: *Spirillum undula*. c: *Bac. mycoides*. d: Mycel von *Asp. niger*. Plasmoptyse: e: *Vibrio comma*. (a, b, e nach Fischer).

In anderen Fällen, wenn Zellwand und Protoplast sich nicht voneinander lösen, oder wenn die Zellwand an der

Semipermeabilität beteiligt ist, tritt an die Stelle der Plasmolyse eine Schrumpfung der gesamten Zelle. Es ist jedoch auch möglich, daß die in der Umgebung der Zelle vorhandene osmotisch wirksame Substanz so rasch von der Zelle aufgenommen wird, daß weder zu einer Plasmolyse noch zu einer Schrumpfung Zeit bleibt.

Das Verhalten von Bakterien gegenüber osmotisch wirksamen Lösungen ist uneinheitlich. Während z. B. *Esch. coli*, *Salmonella typhi*, *Ps. pyocyanea*, *Microc. candicans* leicht plasmolysiert werden, erfolgt bei Sporenbildnern (*Bac. mycoides*, *megaterium* usw.) die Plasmolyse nur bei einem Teil der Zellen und erst nachdem sich die Zellen unter der Einwirkung des Plasmolytikums deutlich verkleinert haben. Die Plasmolyse kann durch allmählichen Ausgleich des osmotischen Druckes innerhalb und außerhalb der Zelle infolge Diffusion der wirksamen Stoffe in die Zelle oder bei Übertragung in ein Medium von geringerem osmotischem Druck zurückgehen.

Überträgt man Zellen aus einer Lösung mit hohem osmotischem Druck, an die sie sich angepaßt haben, in Wasser, so erfolgt eine so starke Wasseraufnahme, daß die Zellwand einreißt und Cytoplasma austritt. Diese Erscheinung wird Plasmoptyse genannt (Abb. 22e).

Oberfläche und Volumen. Mit abnehmendem Volumen der Zelle wird das Verhältnis Oberfläche:Volumen größer, ein Umstand, der den Stoffaustausch zwischen Zelle und Substrat beschleunigt und für die Intensität des Stoffwechsels von Bedeutung ist. Für die Bakterien erweist sich die Kleinheit der Zellen in dieser Beziehung als ein wichtiger ökologischer Faktor, der eine schnelle Anpassung an wechselnde Bedingungen der Umwelt gestattet.

Das spezifische Gewicht der Bakterienzelle ist wenig größer als 1. Die Werte liegen etwa zwischen 1,07 und 1,2 je nach der chemischen Zusammensetzung der Zellen. Zellaufschwemmungen in wäßrigen Lösungen unterliegen der Gravitation, sie sedimentieren ähnlich den roten Blutkörperchen oder setzen sich an den Glaswänden des Kulturgefäßes ab. In Flüssigkeiten suspendiert, zeigen kleine, nicht aktiv bewegliche Zellen, desgleichen tote Zellen, die Brown'sche

Molekularbewegung und sind den für diese passive Bewegung gültigen Gesetzmäßigkeiten unterworfen.

II. Nährstoffe und Energiequellen

1. Autotrophie und Heterotrophie

Um uns zunächst einmal in der Mannigfaltigkeit der Stoffwechselvorgänge zu orientieren, gehen wir von der Frage aus, welche Nährstoffe für die Entwicklung von Mikroorganismen notwendig sind. Es ergibt sich, daß vor allem die Frage nach der Kohlenstoff-Ernährung (C-Ernährung) wesentlich ist. Ein Teil der Mikroben vermag sämtliche in seiner Körpersubstanz enthaltenen organischen C-Verbindungen aus anorganischen C-Verbindungen, aus CO_2 und Bikarbonaten, seltener aus CO, aufzubauen, während die anderen organische C-Verbindungen nicht entbehren können. Im ersten Fall sprechen wir von C-Autotrophie, im zweiten von C-Heterotrophie. Die Begriffe Autotrophie und Heterotrophie können im gleichen Sinn auch für andere Nährstoffe angewandt werden. Ein Stickstoff-autotropher Organismus vermag also je nach seinen Fähigkeiten seinen N-Bedarf aus verschiedenen anorganischen N-Verbindungen oder sogar aus elementarem N_2 zu decken. Die große allgemeine Bedeutung der autotrophen Organismen liegt darin, daß sie aus energiearmen, anorganischen Verbindungen ihre energiereichen, organischen Körpersubstanzen, wie Kohlenhydrate, Fette und Eiweißstoffe, aufbauen und dadurch die Voraussetzung für die Entwicklung C-heterotropher Organismen schaffen. Beide Gruppen sind, wie wir noch sehen werden, durch Übergänge miteinander verbunden.

Saprophyten und Parasiten sind die beiden allerdings nicht scharf zu trennenden Untergruppen der C-Heterotrophen; die ersten verwerten tote organische Stoffe (Kohlenhydrate, Fettsäuren usw.) als C-Quelle, die zweiten brauchen einen lebenden Organismus als Nährsubstrat. Viele Parasiten lassen sich im Laboratorium auf organischen Nährböden kultivieren, verhalten sich dann also wie Saprophyten, andere finden sich in der Natur gelegentlich als Saprophyten, wieder andere sind streng an die parasitische Lebensweise angepaßt. So ist es bis jetzt z. B. nicht gelungen, den Erreger der Lepra, *Mycobact. leprae*, oder Mehltaupilze (Erysiphaceen) zu kultivieren, während dies bei Brandpilzen (Ustilagineen) gelingt. Die Mehrzahl der menschen-, tier- und pflanzenpathogenen Bakterien läßt sich im Laboratorium in Reinkultur halten. Umgekehrt gelingt es auch in manchen Fällen, Saprophyten zur parasitären Lebensweise zu bringen, indem man sie z. B. in größeren Mengen in einen geeigneten lebenden Organismus einführt.

2. Nährstoffe, Wirkstoffe, Reizstoffe

Die Ernährungsansprüche, die ein Mikroorganismus stellt, ermitteln wir, indem wir ihn in einer Nährlösung oder auf einem z. B. mit Agar oder Kieselsäure-Gel hergestellten festen Nährboden kultivieren, in denen C- und N-Verbindungen, einige Salze und andere Zusätze in wäßriger Lösung enthalten sind.

Nährstoffe. Alles, was ein Mikroorganismus, dessen Stoffwechsel wir unter den Bedingungen der Reinkultur prüfen, zum Wachstum braucht, fassen wir als Nährstoffe zusammen. Ihre Bedeutung zeigt sich darin, daß innerhalb gewisser Konzentrationsbereiche deutliche Beziehungen zwischen der Menge eines zugesetzten Nährstoffes und dem Wachstum bestehen, wie wir es z. B. durch Trocknung und Wägung der gebildeten Körpersubstanz (Erntegewicht) ermitteln können.

Eines besonderen Hinweises bedarf noch der Sauerstoff. Soweit er in der Körpersubstanz enthalten ist, wird er in gebundener Form aufgenommen, während der freie Sauerstoff im Betriebsstoffwechsel eine wichtige Rolle spielt. Im Gegensatz zu den höheren Pflanzen und zu den meisten Metazoen gibt es zahlreiche Mikroben, die ohne freien Sauerstoff leben können. Wir unterscheiden dementsprechend Aerobier und Anaerobier; beide Gruppen sind, wie wir später sehen werden, durch Übergänge miteinander verbunden (vgl. Teil II). Eine in der üblichen Weise aus reinen Chemikalien zubereitete Nährlösung für weit verbreitete Schimmelpilze, z. B. für

Aspergillus niger, muß an Nährstoffen Verbindungen von K, Mg, Fe mit PO_4 und SO_4, als N-Quelle mindestens ein Nitrat oder ein anorganisches NH_4-Salz und als C-Quelle z. B. Glucose enthalten. Das Element Ca ist hier entbehrlich, in anderen Fällen ist es lebensnotwendig. Eine Nährlösung für chlorophyllführende Mikroben kann die gleichen Verbindungen enthalten, meist unter Zugabe eines Ca-Salzes, jedoch ohne Glucose, an deren Stelle CO_2 oder ein Bikarbonat tritt. In vielen Fällen sind diese Nährlösungen indessen noch unvollständig (vgl. S. 83).

Über die Art der den Heterotrophen zugänglichen C- und N-Verbindungen lassen sich keine allgemeinen Angaben machen. Wir kennen Mikroben, die streng spezialisiert und auf die Verarbeitung weniger Verbindungen eingestellt sind, und andere, omnivore, die zahlreiche C- und N-Verbindungen verarbeiten. Wir können den ernährungsphysiologischen Wert einer Verbindung ermitteln, indem wir ihren ökonomischen Koeffizienten feststellen, d. h. die Menge der gebildeten Körpersubstanz zur Menge der verbrauchten Nährstoffverbindung in Beziehung setzen.

Eine Eignungsreihe von C-Verbindungen für *Aspergillus*, nach fallendem Nährwert geordnet, würde bei Konstanz aller übrigen Ernährungsbedingungen etwa folgendermaßen lauten:

Glucose, Pepton, Chinasäure, Weinsäure, Citronensäure, Asparagin, Essigsäure, Milchsäure, Aethylalkohol, Benzoesäure, Propylamin, Methylamin, Phenol, Ameisensäure;
eine Eignungsreihe von N-Verbindungen, wobei die einzelnen Gruppen etwa gleichwertige Verbindungen enthalten:

Pepton, Peptide α-Aminosäuren, Ammoniumsalze von Oxy- u. Dicarbonsäuren, z. B. Laktat, Tartrat	Ammoniumsalze einbasischer Fettsäuren, z. B. Acetat, anorganische Ammoniumsalze, Harnstoff	Nitrate, Guanidin, Pyridin, einige Amine	Mehrzahl der Amine

In bezug auf die N-Ernährung lassen sich die Mikroorganismen nach steigenden Ansprüchen in folgende Gruppen einordnen, wobei das Minimum der Ansprüche ohne Rücksicht auf die Stärke des Wachstums entscheidend ist und die Zugehörigkeit zu einer Gruppe meist auch die Verarbeitung höherwertiger N-Verbindungen zuläßt:

Stickstoffbinder verwerten elementaren N: Stickstoffbindende Bakterien, vor allem *Azotobacter*-Arten, *Clostr. pasteurianum. Rhizobium leguminosarum*, ferner einzelne Actinomyceten, Cyanophyceen und Pilze.

Nitratorganismen verwerten Nitrate: Zahlreiche Pilze und Algen. Einige Bakterien wie *Ps. fluorescens*, *Esch. coli* (bei Glucose als C-Quelle), *Serratia marcescens*.

Ammoniakorganismen verwerten Ammoniakstickstoff: Viele Mucoraceen, Saccharomyceten, Essigbakterien, *Bac. subtilis*, *Mycobact. lacticola*, *Salmonella schottmuelleri*, *Esch. coli* (bei ungünstiger C-Quelle), *Nitrosomonas*.

Amidorganismen verwerten NH_2-Stickstoff von α-Aminosäuren und deren Amiden. Im einzelnen sind die Ansprüche an die Zahl der Aminosäuren, die im Medium enthalten sein müssen, sehr verschieden: Mehrzahl der Milchsäurebakterien, *Clostridium*-Arten, einige *Bacillus*-Arten, *Salmonella typhosa*, *Mycobact. tuberculosis*.

Peptidorganismen verwerten Peptone und Peptide: Einige Milchsäurebakterien, *Glaucoma scintillans*, *Euglena gracilis* in Dunkelkultur, *Astasia*-Arten.

Eiweißorganismen stellen die höchsten Ansprüche: Viele parasitische Bakterien und Protozoen bei der Isolierung aus dem Wirtsorganismus.

Alle derartigen Feststellungen über die Eignung von C- und N-Verbindungen dienen eigentlich nur zu einer ersten Orientierung und haben insofern beschränkten Wert. Die Ergebnisse werden durch die sonstigen Ernährungsbedingungen, z. B. durch die Art der gleichzeitig gebotenen N- bzw. C-Quelle beeinflußt. Selbst Arten derselben Gattung oder sogar Stämme derselben Art stellen häufig verschiedene Ansprüche an das Substrat. Die bisher in Reinkultur untersuchten chlorophyllführenden Euglenen sind z. B. teils NO_3-, teils NH_4-, teils NH_2- oder Peptidorganismen.

Ein Wahlvermögen besonderer Art kommt darin zum Ausdruck, daß viele Mikroben aus racemischen Gemischen einer Substanz nur die eine der beiden optisch aktiven Komponenten verwerten, die andere dagegen zurücklassen. Bereits Pasteur (1858) hat festgestellt, daß ein grünes *Penicillium* aus traubensaurem Ammonium, einem Gemisch von d- und l-Ammoniumtartrat, nur die der natürlich vorkommenden d-Weinsäure entsprechende d-Form verbraucht. Das gleiche gilt für Zuckerarten, Aminosäuren usw., jedoch sind auch viele Abweichungen von der Regel bekannt geworden. So treten im Stoffwechsel der Bakterien in einigen Fällen d-Aminosäuren anstelle der vorherrschenden l-Aminosäuren auf. Auch cis-trans-isomere Verbindungen können unterschieden werden. Während Fumarsäure vielen Pilzen als Nährstoff dienen kann, besitzt die entsprechende cis-Form Maleinsäure keinen Nährwert.

Im Gegensatz zu den Omnivoren sind die Spezialisten auf die Verwertung weniger C- und N-Verbindungen beschränkt, oder sie vermögen bei einer größeren Anzahl verwertbarer Verbindungen auch solche anzugreifen, die der Mehrzahl der Mikroben unzugänglich sind. Acetatorganismen, wie *Polytoma uvella*, decken z. B. ihren C-Bedarf aus Acetaten und können an deren Stelle höchstens noch Butyrate oder Propionate verwenden. *Nitrobacter* deckt seinen N-Bedarf nur aus Nitriten. Einige Arten aus den Gattungen *Aspergillus* und *Penicillium* vermögen außer zahlreichen anderen C-Quellen Tannin als einzige C-Quelle zu verarbeiten. *Bact. extorquens* gedeiht mit Oxalaten als einziger C-Quelle. Niedere Amine, wie Methyl- und Aethylamine, die schwer angreifbar sind, dienen einigen Bodenbakterien als C- und N-Quelle. Auch Purine, Pyrimidine und andere heterocyclische Verbindungen werden nur von verhältnismäßig wenigen Mikroorganismen angegriffen; so vermag z. B. *Clostr. acidi urici* Harnsäure als einzige C- und N-Quelle unter anaeroben Bedingungen zu verwerten. Dagegen werden zahlreiche aliphatische und cyclische Kohlenwasserstoffe insgesamt von einer ziemlich großen Zahl von Eubakterien, Actinomyceten und Pilzen und selbst von Algen angegriffen, wobei zahlreiche Spezialisierungen auf kleine Gruppen oder auch auf einzelne Kohlenwasserstoffe auftreten.

Definierte (synthetische) Medien. Von erheblich größerer Bedeutung ist die Ermittlung der geringsten Anforderungen an die Zusammensetzung des Mediums, die für ein optimales Wachstum erfüllt sein müssen. Als Standard dient das Verhalten in einem hochwertigen, komplexen Medium, z. B. in Würze, Fleischbouillon, Blut- oder Serumhaltigen Medien. Um die Ernährungsansprüche von Mikroorganismen genau kennenzulernen und vergleichen zu können, genügen die in der üblichen Weise hergestellten Nährmedien nicht. Sie enthalten meist Bestandteile, die nicht den erforderlichen hohen Reinheitsgrad besitzen oder chemisch nicht definiert sind, z. B. Pepton, Stärke, Hefeextrakt, Würze. Wenn wir aus reinsten, synthetischen Chemikalien, die auch von spurenweisen Verunreinigungen durch andere Stoffe frei sein müssen und einwandfrei destilliertem, keimfreiem Wasser eine Nährlösung herstellen, so ergibt sich in zahlreichen Fällen, daß trotz des Vorhandenseins der bereits erwähnten Mineralsalze, einer N- und einer C-Quelle das Wachstum ausbleibt oder nur kümmerlich ist. Soll das Wachstum normal verlaufen, so müssen in solchen Fällen weitere Stoffe in zum Teil äußerst kleinen Mengen vorhanden sein, die wir als Wirkstoffe bezeichnen.

Spurenelemente. Wir kennen anorganische und organische Wirkstoffe. Zur ersten Gruppe gehören Verbindungen zahlreicher Elemente, die sich in Spuren in der Asche von Mikroben finden, wie Cu, Zn, Mn, Mo, B. Der Bedarf an diesen Spurenelementen ist so gering, daß er sich oftmals erst nach sorgfältigster Reinigung der für die Herstellung von Nährsubstraten verwandten Verbindungen nachweisen läßt. So braucht z. B. *Asp. niger* zum normalen Wachstum und zur Ausbildung seiner Konidien Zn- und Cu-Salze in Mengen von etwa 0,1 mg Zn und 0,01 mg Cu je 100 ccm Nährlösung. Der Bedarf an Fe, das wohl auch eher zu den Spurenelementen als zu den eigentlichen Nährstoffen zu rechnen ist, liegt ebenfalls bei etwa 0,1 mg. Für einige *Polytoma*-Arten ist Zn in Mengen von etwa 10^{-8}% erforderlich. *Azotobacter* braucht, wenn er N binden soll, Mo, das teilweise durch W und V ersetzt werden kann. Der Co-Bedarf einiger Milchsäurebakterien aus der Gattung *Lactobacterium* wird schon durch Spuren von 10^{-12} g Co je ccm gedeckt.

Organische Wirkstoffe (Wuchsstoffe). Der Bedarf kann selbst innerhalb einer Gattung von Art zu Art verschieden sein. Er ist vom Synthesevermögen der betreffenden Mikrobenart abhängig. Ein Mikroorganismus, der in bezug auf einen bestimmten, für ihn notwendigen Wirkstoff autotroph (auxo-autotroph) ist, vermag ihn aus einfacheren organischen Verbindungen oder aus anorganischen Ausgangsstoffen zu synthetisieren, während beim auxo-heterotrophen Verhalten diese Fähigkeit fehlt und die Zufuhr des Wirkstoffes durch das Nährsubstrat erfolgen muß.

Wichtige Mikrobenwirkstoffe sind z. B. Thiamin (Aneurin, Vitamin B_1), Lactoflavin (Vitamin B_2), Nicotinsäure (Niacin) und ihr Amid, Pantothensäure, Pyridoxin (Adermin, Vitamin B_6), Folsäure (Pteroylglutaminsäure), das Co-haltige Cyano-Cobalamin (Vitamin B_{12}), p-Aminobenzoesäure, Glutathion, die Wirkstoffe der Bios-Gruppe, besonders Biotin (Vitamin H) und Mesoinosit. Schließlich kann jede für die intermediären Prozesse des Stoffwechsels oder für den Aufbau der Zellsubstanz erforderliche organische Verbindung Wirkstoff-Charakter annehmen, wenn sie nicht im eigenen Stoffwechsel erzeugt werden kann. Es gibt zahlreiche Beispiele dafür, daß bestimmte Aminosäuren, ein Purin- oder Pyrimidinderivat oder eine Fettsäure derartige Bedeutung erlangen, wenn z. B. durch Mutationen das Synthese-Vermögen gestört ist.

Die Ernährungsansprüche der Mikroorganismen, besonders der C-Heterotrophen, können sich also in sehr weiten Grenzen bewegen, von Formen, die nur eine einzige organische Verbindung in ihrem Nährsubstrat brauchen, bis zu anderen, die nur in einem kompliziert zusammengesetzten Nährsubstrat wachsen (Tab. 3).

Tab. 3. Einige Beispiele für die Ernährungsansprüche heterotropher Mikroorganismen

Die Nährstoffmengen betragen bei der C-Quelle einige %, bei Mineralsalzen und anorganischen N-Verbindungen einige Zehntel %. Aminosäuren als Wirkstoffe sind in einigen Hundertstel g je

100 ccm Nährlösung vorhanden, Spurenelemente in einigen mg/100 ccm (oder weniger). Bei organischen Wirkstoffen schwanken die Werte, sind jedoch meist noch niedriger.

Art	Im synthetischen Medium müssen enthalten sein	
	Nährstoffe im engeren Sinn	Spurenelemente und organische Wirkstoffe
Azotobacter chroococcum	C-Quelle: z. B. Mannit oder Glucose N-Quelle: N_2 wird gebunden Mineralsalze: K_2HPO_4, $MgSO_4$	Spurenelemente: Fe als Sulfat, Mo als Molybdat Organische Wirkstoffe: nicht erforderlich; zahlreiche Wirkstoffe werden synthetisiert und an das Medium abgegeben darunter Nicotinsäure, Thiamin, Biotin.
Bac. anthracis (Milzbrand-Bazillus)	C-Quelle: z. B. Glucose N-Quelle: $(NH_4)_2HPO_4$ Mineralsalze: KH_2PO_4, $MgSO_4$, $CaCl_2$	Spurenelemente: Mn, Fe als Sulfate, Mo als Molybdat Wirkstoffe: 16 α-Aminosäuren, (darunter Glutaminsäure, Cystin, Methionin, Valin, Tyrosin) ferner Thiamin (0,5 μg je ccm)[1])
Lactobact. plantarum (zu den anspruchsvollen Milchsäurebakterien gehörend)	C-Quelle: Glucose N-Quelle: NH_4-Acetat Mineralsalze: Na_2HPO_4, KH_2PO_4, $MgSO_4$	Spurenelemente: Fe als Citrat, Mn als Chlorid Wirkstoffe: 11 α-Aminosäuren (darunter Glutaminsäure, Cystin, Methionin, Valin, Tryptophan), ferner Thiamin, Adermin, Nicotinsäure, Biotin, Pantothensäure, p-Aminobenzoesäure und das Purinderivat Adenin in Mengen zwischen 10^{-5} und 10^{-10} g je ccm

[1]) 1 μg oder $\gamma = 10^{-6}$ g.

Als Beispiel dafür, wie mannigfaltig im einzelnen die Verhältnisse sein können, mag Thiamin (Vitamin B_1) dienen. Es enthält eine Pyrimidin- und eine Thiazol-Komponente:

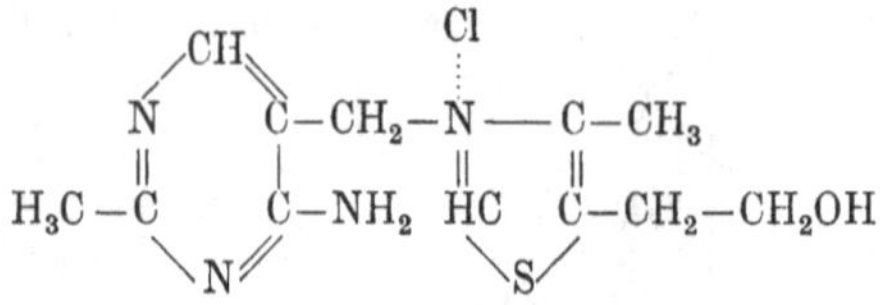

(Pyrimidin) (Thiazol)

Je nach dem Verhalten gegenüber Thiamin können wir folgende Hauptgruppen von Mikroben unterscheiden:

B_1-Autotrophe (B_1 wird synthetisiert): *Absidia glauca, Asp. oryzae, Ustilago tritici, zeae, avenae* usw., *Torula sphaerica.*

Pyrimidin-Autotrophe (nur Pyrimidin wird synthetisiert, die Thiazol-Komponente muß in der Nährlösung enthalten sein): *Mucor ramannianus.*

Thiazol-Autotrophe (nur Thiazol wird synthetisiert, die Pyrimidin-Komponente muß in der Nährlösung enthalten sein): *Phytophthora fagopyri, Rhodotorula rubra, Torula rosea.*

Pyrimidin- und Thiazol-Heterotrophe (aus den in der Nährlösung enthaltenen Komponenten wird B_1 aufgebaut): *Phycomyces nitens* und *blakesleeanus, Ustilago violacea, Torula fermentati, Staphylococcus aureus, Polytoma uvella, Chilomonas paramaecium.*

B_1-Heterotrophe (B_1 muß in der Nährlösung enthalten sein): *Phytophthora cinnamomi, Ustilago scabiosae, Torula cremoris, Glaucoma piriformis, Streptoc. salivarius, Lactobact. fermenti.*

Cocarboxylase-Heterotrophe (Thiaminpyrophosphat = Cocarboxylase, das Coferment der Decarboxylase, muß in der Nährlösung enthalten sein): *Neisseria gonorrhoeae.*

Da das Synthesevermögen für B_1 oder seine Komponenten bei manchen hierhin gehörenden auxo-heterotrophen Mikroben nicht völlig erloschen ist, gibt es auch Übergangsgruppen, bei denen z. B. die Thiazol-Synthese nur beschränkt erfolgt, so daß zwar schon bei Zuführung von Pyrimidin das Wachstum ermöglicht wird, durch zusätzliche Thiazolgaben die Erntegewichte jedoch erheblich ansteigen. *Absidia ramosa* und einige *Polytoma*-Arten gehören in diese Übergangsgruppe. Verschieden sind auch die Ansprüche, die an die Höhe der

Thiamin-Zufuhr gestellt werden. *Ustilago violacea* braucht 0,15 γ, *Chilomonas paramaecium* 1 γ, *Phycomyces blakesleeanus* 2 γ, *Haematococcus pluvialis* 100 γ je 100 ccm Nährlösung. Auch hier sind andere Faktoren, wie z. B. die Zusammensetzung des Nährsubstrates, mitbestimmend.

Wirkungsmechanismus. Ebenso mannigfaltig und erst in einem Teil der Fälle aufgeklärt ist die Art und Weise, wie und wo die Wirkstoffe in den Stoffwechsel der Zelle eingreifen (Tab. 4). Es handelt sich, wie bei der chemischen Mannigfaltigkeit der Wirkstoffe nicht anders zu erwarten, um ganz verschiedene Funktionen, oft auch um mehrere bei einem Wirkstoff. Es kann z. B. der Wirkstoff selbst als „Spurenbaustein" bei der Synthese eines anderen Wirkstoffes Verwendung finden, wie im Fall der Pimelinsäure. Häufig sind Wirkstoffe als prosthetische Gruppen Bestandteile eines Enzyms und auf diese Weise unentbehrlich für den Ablauf wichtiger Stoffwechselprozesse in der Zelle. In anderen Fällen finden sie Verwendung bei der Synthese von chemischen Verbindungen, die im Cytoplasma oder im Zellkern enthalten sind. Dies gilt z. B. für einige Purine, Pyrimidine und Nucleoside, die von vielen Milchsäurebakterien aus einfacheren Verbindungen und „Vorstufen" nicht aufgebaut werden können.

Das äußerst feine Reaktionsvermögen auf das Fehlen oder Vorhandensein eines Wirkstoffes, hat dazu geführt, daß auxo-heterotrophe Mikroorganismen in bestimmten Fällen zum Nachweis von Vitaminen, Aminosäuren usw. herangezogen worden sind. Man kann z. B. mit Hilfe bestimmter *Lactobacterium*-Arten die Aminosäure Tryptophan in Mengen zwischen 0 und 2,5 γ je ccm nachweisen, desgleichen Pantothensäure (0—0,02 γ), Thiamin (0—5 mγ)[1]), Biotin (0—1 mγ) usw. Auch andere Arten von Mikroorganismen sind verwendbar, *Phycomyces* für Thiamin, *Corynebact. diphtheriae* für β-Alanin (0—1,5 γ) usw.

Während Nähr- und Wirkstoffe für die normale Entwicklung unentbehrlich sind, gilt für die Reizstoffe, daß durch

[1]) 1 mγ = 10^{-9} g.

ihre Gegenwart das Wachstum oder ein anderer Lebensvorgang eine zusätzliche Anregung erfährt, daß sie jedoch nicht lebensnotwendig sind. Jodverbindungen und Hg-Salze können z. B. bei Saccharomyceten, Aethylen bei *Aspergillus*-Arten eine solche Wirkung hervorbringen.

Tab. 4. Beispiele für die Rolle der Wirkstoffe in der Zelle

Wirkstoff	Rolle in der Zelle	Auf das Wachstum wirkender Konzentrationsbereich in mγ je ccm des Mediums[1])	Beispiele für auxo-heterotrophe Arten
p-Aminobenzoesäure $C_6H_4(NH_2)COOH$	Bestandteil der Folsäure. Beteiligt bei der Purinsynthese	0–1,0	Einige *Clostridium*-Arten
Folsäure (enthält einen Pteridinring, p-Aminobenzoesäure und Glutaminsäure)	Beteiligt bei der Synthese einiger Aminosäuren und der Nucleinsäuren	0–0,8	Viele Milchsäure-Bakterien
Biotin (enthält einen Pimelinsäurerest als Seitenkette an einem kondensierten Imidazol- und Thiophenring)	Beteiligung bei der Synthese ungesättigter Fettsäuren, bei der Verwendung von CO_2 im Stoffwechsel C-heterotropher Mikroorganismen	0–0,2	*Saccharomyces cerevisiae*, *Neurospora*, *Lactobacterium*-Arten, *Corynebact. diphtheriae*

Fortsetzung Seite 89

[1]) Die Grenzen des wirksamen Bereichs schwanken je nach Art der Mikroorganismen und nach den Versuchsbedingungen.

Tab. 4. Beispiele für die Rolle der Wirkstoffe in der Zelle

Wirkstoff	Rolle in der Zelle	Auf das Wachstum wirkender Konzentrationsbereich in mγ je ccm des Mediums	Beispiele für auxo-heterotrophe Arten
Pantothensäure (enthält β-Alanin und eine Dioxy-dimethyl-Buttersäure)	Bestandteil des acetylierenden Coenzyms A	0–2	Die meisten Milchsäure- und Propionsäurebakterien, Streptokokken, Pneumokokken, Mikrokokken
Nicotinsäure (Pyridin-Carbonsäure) und ihr Amid	Bestandteil der H-übertragenden Coenzyme I und II	0–4	Viele Milchsäurebakterien, Streptokokken, Pneumokokken, *Proteus*, *Shigella*, *Pasteurella*, *Staphyloc. aureus*, *Corynebact. diphtheriae*
Thiamin (enthält einen Thiazol- und einen Pyrimidinring)	Prosthetische Gruppe der Cocarboxylase (Decarboxylierung von Brenztraubensäure und anderen α-Ketosäuren)	0–5	Viele Pilze (Mucoraceen, Hefen, Ustilagineen), *Streptoc. salivarius*, *Staph. aureus*, *Lactobact. fermenti*, farblose Flagellaten

Fortsetzung Seite 90

Tab. 4. Beispiele für die Rolle der Wirkstoffe in der Zelle

Wirkstoff	Rolle in der Zelle	Auf das Wachstum wirkender Konzentrationsbereich in mγ je ccm des Mediums	Beispiele für auxo-heterotrophe Arten
Haemine (Fe-Porphyrine)	Prosthetische Gruppe verschiedener Atmungsenzyme	0–1	*Haemophilus*, viele Protozoen
Purine, Pyrimidine, Nucleoside	Bestandteile von Nucleinsäuren	0–5	Viele Milchsäurebakterien brauchen z. B. Adenin, Guanin, Thymin, Thymidin

3. Energiequellen

Der Ablauf der Lebensvorgänge ist an eine ständige Zufuhr von Energie gebunden, die in chemischen Prozessen (Atmung, Gärung) im Stoffwechsel umgesetzt wird, wobei ein Teil der Energie in Wärme übergeht. Die Art und Weise der Energiezufuhr ist bei Autotrophen und Heterotrophen verschieden. C-autotrophe Mikroben vermögen energiereiche, organische Verbindungen, in erster Linie Zucker, aus CO_2 oder Bikarbonaten selbst aufzubauen im Vorgang der CO_2-Assimilation, wozu die erforderliche Energie von außen zugeführt werden muß. C-heterotrophe Mikroben sind hierzu nicht befähigt, sie nehmen mit der Nahrung bereits energiereiche, organische Verbindungen auf. Eine Übergangsgruppe bilden die C-mixotrophen und C-amphitrophen Mikroben, bei denen im ersten

Fall C-Autotrophie und C-Heterotrophie ineinander eingreifen oder im zweiten die Ernährung auf die eine oder andere Weise erfolgen kann. Dieses Verhalten zeigen z. B. einige Eisenmikroben, Cyanophyceen, grüne Flagellaten, Chlorococcaceen.

Wir unterscheiden zwei Möglichkeiten der Energieaufnahme bei C-Autotrophen:

Photosynthese: Verwertung der Energie des Sonnenlichtes in einer photochemischen Reaktion, die an die Anwesenheit von Chlorophyll gebunden ist,

Chemosynthese: Verwertung der Energie, die bei einem einfachen chemischen Prozeß frei wird, wobei dieser Prozeß durch die betreffenden Mikroorganismen katalysiert wird.

Autotrophie mit Photosynthese	Autotrophie mit Chemosynthese
Chlorophyll-führende Cyanophyceen, Flagellaten und Algen; Schwefelpurpurmikroben und Chloromikroben; Purpurbakterien	Farblose Schwefelmikroben (darunter farblose Cyanophyceen); Bakterien der Nitrifikation; Eisenmikroben; Wasserstoff-oxydierende Bakterien; CH_4- und CO-oxydierende Mikroben

Wärme, Elektrizität und mechanische Energie können von Mikroben als Energiequelle nicht verwandt werden, da keine Möglichkeit zu einer Umsetzung in chemische Energie vorhanden ist.

Eine Energiespeicherung erfolgt bei Autotrophen und Heterotrophen in Verbindung mit der Speicherung von Reservestoffen (Glykogen, Stärke und Stärke-ähnliche Polysaccharide, Öl, Volutin usw.), die gleichzeitig Bau- und Betriebsmaterial für die Zelle sein können.

a) Photosynthese

Die Photosynthese der Mikroorganismen verläuft auf zwei verschiedenen Wegen. Die aerob lebenden Cyanophyceen, Algen und grünen Flagellaten assimilieren nicht anders wie höhere grüne Pflanzen. Abweichend verhalten sich die anaeroben Schwefelpurpurmikroben, Chloromikroben und Purpurbakterien. Es handelt sich um Bakterien und andere Mikroorganismen, deren taxonomische Zugehörigkeit noch ungeklärt ist (Abb. 23 f-h). Sie leben im Salzwasser und Süßwasser und am Grunde der Gewässer in den obersten Schlammschichten, dort wo Schwefelwasserstoff vorhanden ist. Schwefelpurpurmikroben speichern in ihren Zellen Schwefel als Reservestoff, Chloromikroben scheiden ihn in ihrer Umgebung ab. An ähnlichen anaeroben Standorten, jedoch nicht so streng an H_2S gebunden, leben Purpurbakterien (*Rhodopseudomonas*- und *Rhodospirillum*-Arten). Die Chlorophyllfarbstoffe a und b der höheren Pflanzen kommen auch bei Mikroben vor. Cyanophyceen enthalten Chlorophyll a, grüne Flagellaten teils nur a, teils a und b, Chlorophyceen a und b. Die Bakterienchlorophylle weichen von den Chlorophyllen a und b ab. Bei Schwefelpurpurmikroben und Purpurbakterien tritt ein Bakteriochlorophyll (Bakteriochlorin) auf, das im Ring A anstelle der Vinylgruppe des Chlorophyll a eine Acetylgruppe trägt und weniger Doppelbindungen besitzt.

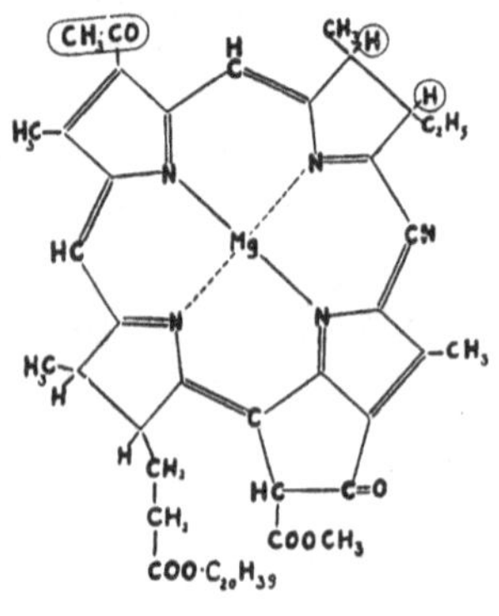

Die Konstitution des Bakteriochlorophylls. der Chloromikroben (Bakterioviridin) ist unbekannt. In der lebenden

Zelle sind die Chlorophylle als prosthetische Gruppe an Trägerproteine gebunden. Die Unterschiede in der chemischen Konstitution bewirken, daß sich die Absorptionsspektren der einzelnen Chlorophylle voneinander unterscheiden. Bakteriochlorin absorbiert auch außerhalb des sichtbaren Teiles des Spektrums im infraroten Bereich. Die häufig vorkommenden gelben, braunen, roten Begleitfarbstoffe sind Karotinoide; sie scheinen an der Photosynthese beteiligt zu sein. In den Massenansammlungen der Purpurbakterien, Chloromikroben und Schwefelpurpurmikroben geben sie zusammen mit den Bakterienchlorophyllen die mannigfaltigen purpurroten, pfirsich-farbenen, bräunlichen und gelblichgrünen Farbtöne. Bei Diatomeen, Dinoflagellaten und einigen anderen Flagellatengruppen überdecken sie die grüne Chlorophyllfarbe und rufen die gelben und bräunlichen Farbtöne der Zellen hervor. Während bei Algen und Chlorophyll-führenden Flagellaten die Assimilationsfarbstoffe in Chloroplasten lokalisiert sind, treten sie bei Bakterien und Cyanophyceen in feinerer Verteilung, gebunden an submikroskopische Strukturen, im Cytoplasma auf.

Nur die ersten Teilprozesse der Photosynthese sind an Licht gebunden. Die aus dem Licht stammende Energie wird verwandt zu einer Spaltung von Wassermolekülen in [H] und [OH]. Die folgenden Teilprozesse verlaufen als „Dunkelreaktionen" unabhängig vom Licht: Der Wasserstoff des Wassers wird zu einer teilweisen Reduktion von CO_2 verwandt, entsprechend dem Reduktionsgrad, in dem C in der organischen Zellsubstanz enthalten ist. Hierbei entstehen vorübergehend organische Gruppen, die in der summarischen Darstellung der Einfachheit halber oft als „CH_2O" bezeichnet werden, entsprechend dem Verhältnis der drei Elemente in Kohlenhydraten. Man darf hierbei jedoch nicht an Formaldehyd denken, der in früheren Jahren als erstes organisches Assimilationsprodukt und Vorstufe der Kohlenhydrate angesehen wurde. Nach Untersuchungen an Grünalgen wird CO_2 vielleicht zuerst als .COOH an eine Acetylgruppe [CH_3CO] oder an einen C_5-Zucker (Ribulose) gebunden und dann reduziert. Das Schicksal der aus dem Wasser stammenden [OH]-

Radikale ist bei den einzelnen Gruppen der Chlorophyll-führenden Organismen verschieden. Bei aeroben Algen und höheren Pflanzen wird [OH] mit Hilfe eines Katalase- oder Peroxydase-Systems unter Freiwerden des Assimilations-Sauerstoffs in H_2O und O_2 umgewandelt, entsprechend dem theoretisch nach der Assimilationsgleichung zu erwartenden Verhältnis von $CO_2/O_2 = 1$ (Assimilationsquotient). Bei den anaeroben Chloromikroben und Schwefelpurpurmikroben, die keine Katalasen oder Peroxydasen besitzen, sind dagegen H-Donatoren erforderlich, um [OH] auf reduktivem Weg zu beseitigen, nämlich H_2S, oder andere reduzierte S-Verbindungen, oder H_2.

Die allgemeine Gleichung für den Assimilationsvorgang lautet:

$$CO_2 + 2\,H_2A \xrightarrow[\text{Chlorophyll}]{\text{Sonnenlicht}} [CH_2O] + H_2O + 2\,A$$

Bei der unter aeroben Bedingungen verlaufenden Photosynthese der grünen Algen usw. ist H_2O Wasserstoffdonator:

$$CO_2 + 2\,H_2O \xrightarrow[\text{Chlorophyll}]{\text{Sonnenlicht}} [CH_2O] + O_2 + H_2O.$$

Bei Schwefelpurpurmikroben wird der Wasserstoffdonator (H_2S) bis zu "SO_4 oxydiert, bei Chloromikroben bis zu Schwefel, der abgeschieden wird. Sauerstoff wird bei der anaeroben Form der Photosynthese nicht frei:

$$2\,CO_2 + H_2S + 2\,H_2O \xrightarrow[\text{Bakteriochlorin}]{\text{Licht}} 2\,[CH_2O] + H_2SO_4$$

$$CO_2 + 2\,H_2S \xrightarrow[\text{Bakterioviridin}]{\text{Licht}} [CH_2O] + H_2O + 2\,S$$

Für den Verlauf der Photosynthese ergibt sich in großen Umrissen das folgende, auf zahlreichen Einzeluntersuchungen aufgebaute Schema:

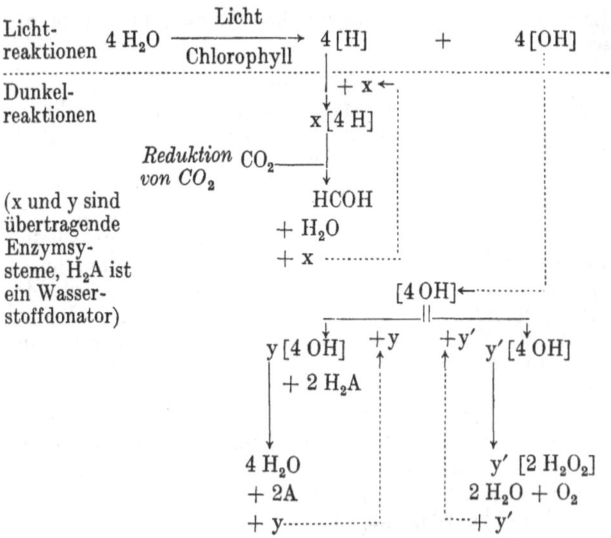

Bindung von OH-Gruppen

über einen H-Donator bei Chloromikroben, Schwefelpurpurmikroben, Purpurbakterien und einigen Cyanophyceen	über ein Peroxyd bei Cyanophyceen, Algen, Flagellaten, höheren Pflanzen

Ein eigenartiges mixotrophes Ineinandergreifen von C-Autotrophie und -Heterotrophie zeigen die Purpurbakterien. Sie sind ebenfalls zur Photosynthese befähigt, bevorzugen als H-Donatoren jedoch (neben anderen Möglichkeiten) organische C-Verbindungen, z. B. Acetate und andere fettsaure Salze, die nebenher auch unmittelbar assimiliert werden können; andererseits sind auch Schwefelpurpurmikroben beim Fehlen anderer Wasserstoffdonatoren (H_2S usw.) in der

Lage, den Wasserstoff organischer C-Verbindungen zu verwenden.

b) Chemosynthese

Einige Gruppen von Bakterien, farblosen Cyanophyceen und Mikroben unbekannter Zugehörigkeit besitzen die Fähigkeit, bestimmte chemische Oxydationen zu katalysieren und die freiwerdende Energie zur Reduktion und Assimilation von CO_2 zu verwenden. Über die beteiligten Enzymsysteme und über die Übertragung der beim Oxydationsprozeß freiwerdenden Energie auf den Prozeß der CO_2-Assimilation ist bis jetzt wenig bekannt. Von Winogradski wurden die hierhin gehörenden Mikroorganismen als „Anorgoxydanten" bezeichnet. Die meisten von ihnen entwickeln sich auch fakultativ heterotroph; einzelne scheinen obligat autotroph zu sein.

Aerobe, farblose Schwefelmikroben vermögen, — wie Schwefelpurpurmikroben und Chloromikroben, jedoch bei Gegenwart von Sauerstoff, — H_2S, Sulfide, elementaren Schwefel, Thiosulfat, Tetrathionat zur Energiegewinnung z. B. nach folgenden Gleichungen zu oxydieren:

$$2\,H_2S + O_2 \rightarrow 2\,H_2O + 2\,S$$

$$2\,S + 3\,O_2 + 2\,H_2O \rightarrow 2\,H_2SO_4$$

$$Na_2S_2O_3 + H_2O + 2\,O_2 \rightarrow Na_2SO_4 + H_2SO_4$$

In der Natur finden wir farblose Schwefelmikroben dort, wo sich H_2S ansammelt, der teils aus der Fäulnis organischer S-haltiger Verbindungen stammt, teils bei mikrobiellen Reduktionsprozessen entsteht oder auch vulkanischer Herkunft sein kann, — also vor allem im Schlamm von Gewässern, in der Umgebung submariner H_2S-Quellen und in sulfathaltigem Wasser bei Reduktion der Sulfate durch Bakterien (vgl. S. 113). Auch im Erdboden treten sie auf, hier besonders *Thiobacterium*-Arten.

Die Anreicherung gelingt, wenn man Teichschlamm oder marinen Schlamm unter Zugabe von abgestorbenen Pflanzenteilen und Gips unter Wasser in Glasgefäßen am Licht stehen läßt. An der Glaswand siedeln sich an der dem Licht zugewandten Seite des Schlammes allmählich die bereits erwähnten anaeroben Schwefelpurpurmikroben an, begleitet von Purpurbakterien, Chloromikroben, Cyanophyceen. Auf der Oberfläche des Schlammes und im Wasser entwickeln sich aerobe, farblose Schwefelmikroben und sammeln sich, soweit sie beweglich sind, in einer im Wasser schwebenden Bakterienplatte an. Das Niveau der Bakterienplatte ist Schwankungen unterworfen je nach der Lage optimaler Konzentrationsverhältnisse des von der Wasseroberfläche eindiffundierenden Sauerstoffs und des vom Boden des Gefäßes aufsteigenden H_2S. Auch hier ist wie bei anaeroben Schwefelmikroben die taxonomische Zugehörigkeit in einigen Fällen noch unklar, z. B. bei *Thiovulum* und *Achromatium*. *Thiospira* und *Thiobacterium* sind typische Bakterien, *Beggiatoa*, *Thiothrix*, *Thioploca* farblose Cyanophyceen (Abb. 23).

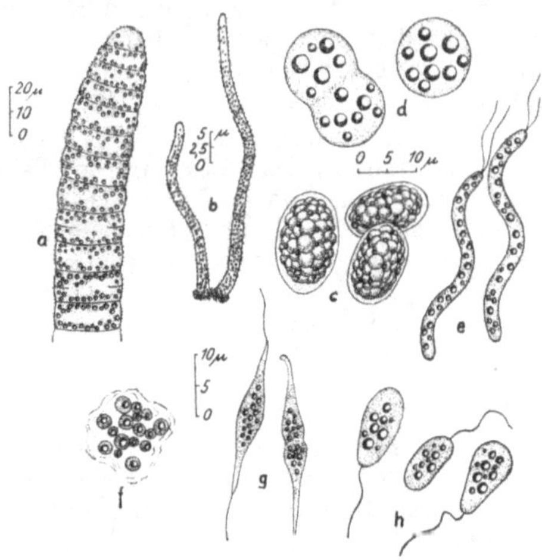

Abb. 23. Schwefelmikroben. Im Cytoplasma lichtbrechende Schwefeltröpfchen. Farblose Schwefelmikroben: a: Spitze eines Fadens von *Beggiatoa mirabilis*. b: Zwei festsitzende Fäden von *Thiothrix nivea*, rechts sind die Querwände sichtbar. c: *Achromatium oxaliferum* mit großen Einschlüssen von Calciumoxalat u. kleinen Schwefeltröpfchen. d: *Thiophysa macrophysa*, links in Teilung begriffen. e: *Thiospira winogradskii*. Schwefelpurpurmikroben: f: Zooglöa von *Thiocapsa roseopersicina*. g: *Rhabdochromatium fusiforme*, links mit geißelartigen Fortsätzen, rechts in Teilung begriffen. h: *Chromatium okenii*.

Die meisten Formen, wie *Beggiatoa*, *Thiothrix*, *Achromatium*, *Thiospira*, lagern Schwefel in kolloidaler Form vorübergehend als Reservestoffe im Cytoplasma ab.

Einige *Thiobacterium*-Arten scheiden bei der Oxydation von Schwefelverbindungen S außerhalb der Zelle ab. Meist verläuft jedoch die Oxydation bis zu Sulfaten und H_2SO_4. Hierbei können erhebliche Säuremengen auftreten. *Thiobact. thiooxidans* wächst z. B. noch bei pH-Werten um 1 und hat sein pH-Optimum zwischen pH 2 und 4. *Thiobact. ferrooxidans* oxydiert Sulfide zu Sulfaten und zweiwertiges zu dreiwertigem Fe, so daß Schwefelkies und Markasit (FeS_2) zu einem Gemisch von Eisensulfaten und H_2SO_4 umgewandelt werden. Beide Arten sind häufig im Sickerwasser der Lagerstätten sulfidischer Eisen- und Kupfererze und in Markasithaltigen Braunkohlenflözen, wo sie bei der Ansäuerung des Grubenwassers beteiligt sind und erhebliche Korrosionen hervorrufen. *Thiobact. thiooxidans*, *thioparus* und *ferrooxidans* scheinen obligat autotroph zu sein.

Eisenmikroben. Außer einigen Eubakterien gehören vor allem Chlamydobakterien zu den Eisenmikroben. Neben der Verwendung des Eisens als Nährstoff (Spurenelement) wird die Oxydation von Fe^{II} zu Fe^{III} katalysiert, besonders unter Bedingungen, unter denen die chemische Oxydation verzögert ist, d. h. im schwach sauren Bereich und bei vermindertem Sauerstoffpartialdruck („Mikroaerophilie" vgl. Tl. II). Die freiwerdende Energie ermöglicht die CO_2-Assimilation.

$$4\,Fe\,(HCO_3)_2 + 2\,H_2O + O_2 \rightarrow 4\,Fe\,(OH)_3 + 8\,CO_2\,.$$

An die Stelle von Ferroverbindungen können bei einigen Eisenmikroben Manganoverbindungen treten, die zur Mangani-Stufe oxydiert werden. Im stark sauren Bereich vermag nur das bereits erwähnte *Thiobact. ferrooxidans* Fe^{II} zu oxydieren.

Da der Energiegewinn gering ist, erreicht die Oxydation von Ferroverbindungen erhebliche Ausmaße. In Wiesengräben, Wasserlachen, Teichen überziehen sich Wasserpflanzen, Holzstücke usw. mit einer rostfarbenen, schwammigen Schicht von kolloidalem $Fe(OH)_3$. Bedeckt von den rostbraunen Massen finden sich, oft nur schwer kenntlich, die Eisenmikroben (Abb. 24). Soweit es sich um Chlamydobakterien

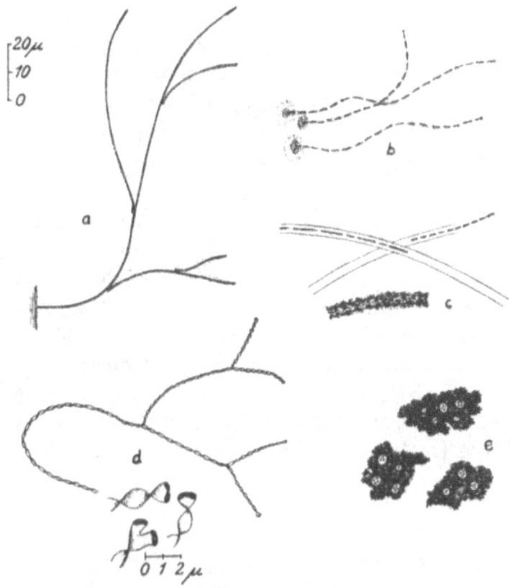

Abb. 24. Eisenmikroben. a: *Leptothrix crassa*, festsitzende Fäden mit dicker Scheide und Scheinverzweigung. b: *L. sideropoeus*, Fäden mit Haftscheibe und dünner Scheide. c: *L. ochracea*, Zellfäden mit Scheide. Unten Stück einer alten mit Eisenhydroxyd inkrustierten, leeren Scheide. d: *Gallionella ferruginea*. Langer, dichotom verzweigter Gallertstiel mit kleinen, bohnenförmigen Zellen an den Enden. Unten Stielenden mit Zellen in Querteilung. e: Zooglöa von *Siderocapsa treubii*, mit Eisenhydroxyd inkrustiert.

(*Leptothrix*) handelt, wird Eisenhydroxyd in den sich gelb und braun färbenden Scheiden der Zellfäden abgelagert. Bei den Eubakterien findet es sich in den Gallertstielen (*Gallionella*) oder in und auf den oft Zooglöa-artigen Schleimhüllen der Zellen (*Siderocapsa*, *Sideromonas*).

Die weiteren Veränderungen am $Fe(OH)_3$ sind physikalischer und chemischer Natur:

$$2\,Fe\,(OH)_3 \rightarrow Fe_2O_3\,.(3\,H_2O)$$

und führen zur Bildung von Eisenocker und Raseneisenstein.

Auch in Wasserleitungsröhren können sich, wenn das Wasser Ferrosalze enthält, Eisenmikroben ansiedeln und allmählich eine Verstopfung der Rohre durch ausgeschiedenes $Fe(OH)_3$ hervorrufen.

Unter den Eisenmikroben gibt es neben autotrophen viele fakultativ heterotrophe und mixotrophe Arten, die an Stelle von CO_2 oder neben CO_2 organische C-Verbindungen verwerten. *Gallionella ferruginea* und *Leptothrix* ochracea gelten als obligat autotroph, *L. crassa*, *Siderocapsa* und andere als mixotroph.

Bakterien der Nitrifikation. Impft man zwei mineralische Nährlösungen, die als N-Quelle $(NH_4)_2SO_4$ bzw. $NaNO_2$ enthalten, mit kleinen Bodenmengen, so kommt allmählich eine Bakterienentwicklung in Gang. Nach der schwierig durchzuführenden Beseitigung gewöhnlicher Begleitbakterien erhält man schließlich nur noch Mikroben, die imstande sind, NH_4 zu NO_2 bzw. NO_2 zu NO_3 zu oxydieren und als Nitritbildner (*Nitrosomonas*, *Nitrosococcus* usw.) und Nitratbildner (*Nitrobacter*) bezeichnet werden.

$$NH_3 + 1^1/_2\,O_2 \rightarrow HNO_2 + H_2O$$
$$HNO_2 + {}^1/_2\,O_2 \rightarrow HNO_3.$$

Beide Gruppen verhalten sich obligat autotroph. Für *Nitrobacter* ist nachgewiesen worden, daß die Oxydationsenergie nur zur CO_2-Assimilation verwandt wird, jedoch nicht zu einer „mineralischen Atmung", die den Energiegewinn aus der Veratmung organischer Reservestoffe im Betriebsstoffwechsel ersetzen würde.

Wasserstoffoxydierende Bakterien. Hier handelt es sich um fakultativ autotrophe Eubakterien (*Hydrogenomonas*, *Bac. pycnoticus* und viele andere), die in Schlammablagerungen und im Erdboden verbreitet sind und ihren Energiebedarf durch eine Oxydation des bei anderen mikrobiellen Prozessen entstehenden H_2 decken, gewissermaßen durch eine Katalyse der Knallgasreaktion. Der Wasserstoffverbrauch ist jedoch höher als es dem Verhältnis in der Gleichung der Knallgasreaktion

$$H_2 + {}^1/_2\,O_2 \rightarrow H_2O$$

entspricht, da Wasserstoff auch zur Reduktion von CO_2 im Assimilationsprozeß gebraucht wird. Beide Vorgänge lassen sich in einer Gleichung folgendermaßen formulieren:

$$6\,H_2 + CO_2 + 2\,O_2 \rightarrow [CH_2O] + 5\,H_2O\,.$$

Wasserstoff-Oxydation ist unter anaeroben Bedingungen auch mit dem Sauerstoff der Nitrate oder Sulfate möglich. Einzelne Stämme denitrifizierender und desulfurizierender Bakterien (vgl. S. 113) sind hierzu in der Lage bei gleichzeitiger CO_2-Assimilation (fakultative Autotrophie). Ferner kann ebenfalls unter anaeroben Verhältnissen CO_2 gleichzeitig als Wasserstoff-oxydierendes Agens neben seiner Verwendung als C-Quelle herangezogen werden. Dies ist der Fall bei Schwefelpurpurmikroben, bei *Clostridium aceticum*, das CO_2 zu Essigsäure reduziert und bei Bakterien der Methangärung, von denen *Methanobact. omelianskii* CO_2 zu CH_4 reduziert.

Schwefelpurpurmikroben: $$2\,H_2 + CO_2 \xrightarrow[\text{Chlorophyll}]{\text{Licht}} [CH_2O] + H_2O$$

Clostr. aceticum: $$4\,H_2 + 2\,CO_2 \rightarrow CH_3\cdot COOH + 2\,H_2O$$

Methanobacterium: $$4\,H_2 + CO_2 \rightarrow CH_4 + 2\,H_2O\,.$$

Im ersten Fall (Photosynthese) sind die Beziehungen zwischen Energiegewinn und Autotrophie bekannt, in den beiden anderen Fällen (Chemosynthese) nur zum Teil.

Methanbakterien oxydieren bei Gegenwart von Sauerstoff CH_4 zu CO_2 und H_2O. Gleichzeitig wird CO_2 assimiliert. *Methanomonas methanica* ist ein Vertreter dieser im Boden weit verbreiteten Gruppe von Bakterien. An der Methan-Oxydation sind wahrscheinlich auch heterotrophe Bodenbakterien beteiligt.

Kohlenoxyd-oxydierende Mikroben. *Streptomyces oligocarbophilus*, der hierhin gehört, ist im Erdboden verbreitet. Er entwickelt sich, wenn man eine mineralische Nährlösung oder Leitungswasser mit kleinen Bodenmengen impft und wochenlang der Laboratoriumsluft aussetzt, die Spuren von CO oder anderen flüchtigen C-Verbindungen (Aceton, Formaldehyd, Essigsäure) enthält. Auf der Nährlösung entsteht allmählich eine feine, kreidige Haut, die aus Stäbchen und aus unregelmäßigen, auch verzweigten Fadenbruchstücken besteht, wie sie für das leicht zerfallende Mycel von Actinomyceten charakteristisch sind (vgl. Abb. 8).

Als Energiequelle dient die Oxydation von CO zu CO_2. Gleichzeitig wird CO_2 assimiliert. CO kann durch die erwähnten organischen C-Verbindungen ersetzt werden, die ebenfalls oxydiert werden und Energie für die CO_2-Assimilation liefern. Autotrophie und Heterotrophie gehen also auch hier ineinander über, ohne daß die Zusammenhänge im einzelnen bekannt sind. In die gleiche Gruppe scheint *Hyphomicrobium vulgare* zu gehören, ein eigenartiger Organismus, dessen bakterienartige Zellen an langen Fäden sitzen. *Hyphomicrobium* ist als Aufwuchs in tropfenden Wasserleitungshähnen und als Begleiter in Anreicherungskulturen von nitrifizierenden Bakterien beobachtet worden. *Methanosarcina barkeri* führt anaerob mit CO eine Methangärung durch, bei der CO zunächst zu CO_2 oxydiert und dieses zu CH_4 reduziert wird. Sauerstoff und Wasserstoff zur Oxydation und Reduktion stammen aus dem Wasser:

$$\begin{array}{l} 4\,CO + 4\,H_2O \rightarrow 4\,CO_2 + 4\,H_2 \\ \quad CO_2 + 4\,H_2 \rightarrow CH_4 + 2\,H_2O \\ \hline 4\,CO + 2\,H_2O \rightarrow CH_4 + 3\,CO_2\,. \end{array}$$

c) *Heterotrophie*

Kohlensäure kann als einzige Energiequelle nicht verwertet werden, da weder Lichtenergie noch chemische Energie zu ihrer Reduktion und Assimilation verwandt werden können. Es müssen daher energiereiche, organische Verbindungen als Nährstoffe zugeführt werden. Sie dienen gleichzeitig als Energiequelle und liefern bei ihrer Spaltung die Bausteine für die Synthese der eigenen Körpersubstanzen. Beide Vorgänge sind eng miteinander verbunden. Handelt es sich um Verbindungen, die nicht löslich sind oder nicht in die Zelle diffundieren können (Stärke, Cellulose, Fette usw.), so erfolgt zunächst durch hydrolytische Enzyme eine Überführung in lösliche Verbindungen, die von der Zelle aufgenommen werden können. Die überwiegende Menge der Bakterien und Protozoen, ferner Pilze, Schleimpilze, Spirochäten sind C-heterotroph.

Auch hier sind die Grenzen jedoch nicht mehr so eindeutig, wie es früher erschien. Bei vielen heterotrophen Bakterien und Pilzen hat sich gezeigt, daß sie CO_2 brauchen, wenn auch nicht anstelle einer organischen C-Verbindung, auf die nicht verzichtet werden kann. Soviel hierüber bis jetzt bekannt geworden ist, kann CO_2 auf verschiedenen Wegen vorübergehend in den Stoffwechsel der Heterotrophen einbezogen oder auch gebunden werden. Beispiele sind die Entstehung von Bernsteinsäure bei der Propionsäuregärung (vgl. S. 126) oder von Brenztraubensäure aus CO_2 und Acetylgruppen.

III. Stoffwechsel

Baustoffwechsel und Betriebsstoffwechsel, auch als assimilatorischer und dissimilatorischer Stoffwechsel bezeichnet, sind die beiden großen Gruppen von Stoffwechselvorgängen. Der Baustoffwechsel betrifft die Assimilation der Nährstoffe, d. h. ihre Umwandlung in körpereigene Substanzen. Der Betriebsstoffwechsel macht durch den ständigen Abbau oder die Dissimilation von organischen Verbindungen Energie frei, die zur Erhaltung der lebenden Substanz und zum Wachstum gebraucht wird. Da der Betriebsstoffwechsel mit der nachweisbaren Ausscheidung von Stoffwechselprodukten aus der Zelle verbunden ist und seine Umsetzungen mengenmäßig die Umsetzungen des Baustoffwechsels übertreffen, ist er der Untersuchung leichter zugänglich als die an das Zellinnere gebundenen aufbauenden Vorgänge der Assimilation. Beide Gruppen von Stoffwechselvorgängen spielen sich über große Strecken auf gleichen Wegen an den gleichen Substanzen ab und greifen daher im lebenden Organismus in vielfältiger Weise ineinander ein. Verbindungen, die im Verlauf der verwickelten Abbauvorgänge des Betriebsstoffwechsels auftreten, dienen zu einem Bruchteil wieder zum Aufbau von anderen Körpersubstanzen. Die Mittel zur Durchführung der chemischen Umsetzungen sind die Enzyme.

Sie sind sowohl beim Aufbau der Körpersubstanzen im Baustoffwechsel wie bei den dissimilatorischen Vorgängen beteiligt.

Der Stoffwechsel der Mikroben ist durch eine außerordentliche Mannigfaltigkeit gekennzeichnet. Einmal sind Autotrophie und Heterotrophie, Aerobiose und Anaerobiose durch die verschiedensten Übergänge miteinander verbunden, ferner können manche Stoffwechselprozesse, z. B. die Atmung, auf verschiedenen Wegen ablaufen, und schließlich vermag häufig ein und dieselbe Mikrobenart ihren Stoffwechsel in verschiedene Richtungen zu steuern, so daß es zuweilen ganz von den allgemeinen Lebensbedingungen abhängt, welcher Stoffwechseltyp in Erscheinung tritt. Auch die Bakterien als morphologisch einfachste Lebewesen verfügen schon über einen differenzierten und anpassungsfähigen Stoffwechsel, wie er nicht für primitive, sondern viel eher für Organismen kennzeichnend ist, die schon eine lange phylogenetische Entwicklung durchlaufen haben.

1. Baustoffwechsel

a) Verwendung der in der Asche enthaltenen mineralischen Nährstoffe

Wir haben gesehen, daß die Elemente K, Mg, Fe, S, P, bei manchen Mikroben auch Na und Ca, ferner eine wechselnde Zahl von Spurenelementen zu den unentbehrlichen Nährstoffen gehören. Sie haben spezifische Aufgaben zu erfüllen, ferner können sie entsprechend ihren physikalisch-chemischen Eigenschaften wirken, z. B. durch Beeinflussung des Quellungszustandes der Plasmakolloide. In dieser Funktion können sie durch verwandte Elemente mit ähnlichen Wirkungen ersetzt werden. So läßt sich Kalium teilweise durch Na, Rb oder Cs, — Calcium (soweit es unentbehrlich ist) teilweise durch Sr ersetzen.

Über die spezifische Bedeutung sind wir ungenügend unterrichtet. Kalium ist am Stoffwechsel der Kohlenhydrate, besonders an der Phosphorylierung, beteiligt. Natrium ist für Leuchtbakterien und für manche Bakterien, die in hochkonzentrierten Salzlösungen leben, unentbehrlich und durch kein anderes Kation ersetzbar; welche Aufgaben es zu erfüllen hat, wissen wir nicht. Auch über die Verwendung des Calciums, das z. B. von *Rhizobium* und *Azotobacter* gebraucht wird, ist nichts bekannt. Soweit es als Karbonat nur zur Regulierung der Reaktion in der Nährlösung im Fall einer Säurebildung dient, ist es ersetzbar. Magnesium finden wir als Bestandteil des Chlorophylls und von Fermentsystemen, in denen es durch Mangan ersetzt werden kann. Es scheint bei Bakterien die Zellteilung zu beeinflussen. Phosphor, der als Phosphat aus der Nährlösung aufgenommen wird, erscheint in den phosphorsäurehaltigen Nucleoproteiden, Phosphatiden (Lezithin) und im Volutin. Phosphorsäure wird bei Phosphorylierungen z. B. im Stoffwechsel der Kohlenhydrate vorübergehend festgelegt und tritt ferner in energiereichen, organischen Verbindungen (z. B. Adenosintriphosphat) auf. Schwefel, der aus den Sulfaten stammt, für manche Mikroorganismen jedoch in reduzierter Form, z. B. als Sulfid oder Cystin, im Medium enthalten sein muß, ist Bestandteil des Vitamins B_1, des Biotins, und einiger Aminosäuren. Penicillin ist S-haltig. Chlor, das selbst für halophile Mikroorganismen ersetzbar zu sein scheint, wird von einigen Pilzen (Aspergillaceen, Mucoraceen), Actinomyceten und Flechten assimiliert, obgleich es auch hier anscheinend entbehrlich ist. Die Antibiotika Chloromycetin (*Streptomyces venezuelae*), Aureomycin (*Streptomyces aureofaciens*) enthalten Cl. Eisen leitet zu den Spurenelementen über, es ist an der Bildung von Farbstoffen beteiligt, vor allem von Chlorophyll, ohne — im Gegensatz zu Magnesium — selbst im Chlorophyllmolekül enthalten zu sein. Es ist ferner Bestandteil der Cytochrome, der Katalase und verwandter Zellkatalysatoren. Bei *Serratia marcescens* ist die Bildung des roten Fe-freien Prodigiosins an einen verhältnismäßig engen Bereich von Fe-Konzentrationen gebunden, desgleichen bei *Corynebacterium diphtheriae* die Bildung des Diphtherietoxins.

Von den übrigen Spurenelementen tritt Kupfer ebenfalls als Bestandteil von Enzymen (Oxydasen) auf und ist an der Pigmentbildung z. B. in alten *Azotobacter*-Kulturen und in den Konidien von *Aspergillus niger* beteiligt. Für die N-Bindung ist Mo erforderlich, es ist außerdem an der Assimilation (Reduktion) von Nitraten beteiligt.

Der Mengenbedarf an Spurenelementen ist oft außerordentlich gering, so daß an die Reinheit der Nährlösungen und Reinigung der Versuchsgefäße beim Nachweis von Mangelerscheinungen die höchsten Anforderungen gestellt werden müssen. So reichen für Bakterien, die das Co-haltige Vitamin B_{12} (Cyano-Cobalamin) synthetisieren, offenbar schon Spuren von etwa 0,04 γ Co im Liter aus. Oft werden im Impfmaterial ausreichende Mengen eines Spurenelementes mitgeführt, so daß Mangelerscheinungen erst in Subkulturen manifest werden, z. B. bei der Kultur von *Aspergillus* in Cu-freien Medien.

b) Aufbau N-freier Körperstoffe

Kohlenhydrate, besonders Hexosen, sind die wichtigsten Ausgangsstoffe für den Aufbau der Körpersubstanzen. Sie werden den Heterotrophen mit der Nahrung zugeführt und von den Autotrophen aus CO_2 aufgebaut und sind gleichzeitig neben ihrer Verwendung im Baustoffwechsel die wichtigsten Energiequellen des Betriebsstoffwechsels. Aus Glucose-Molekülen werden unter Wasseraustritt und Mitwirkung von Hydrolasen (vgl. S. 67) die Polysaccharide Cellulose, Stärke, Glykogen aufgebaut. Auch Hemicellulosen, Pektine und zahlreiche bei Bakterien, Pilzen, Cyanophyceen, Algen vorkommende Gummi- und Schleimstoffe gehören zu den Polysacchariden und entstehen aus Hexosen oder Pentosen. Das Dextran von *Leuconostoc mesenterioides* ist aus Glucose aufgebaut, das Araban von *Azotobacter chroococcum* aus Arabinose. Aus Zuckern abgeleitete Säuren können sich ebenfalls am Aufbau beteiligen (methylierte Galakturonsäuren in Pektinen, verschiedene Uronsäuren in Hemicellulosen). Das aus dem Thallus von Rhodophyceen gewonnene Polysaccharid Agar-Agar, das wie Gelatine und Wasserglas zur Herstellung fester Nährsubstrate benutzt wird, ist ein sulfathaltiges Polygalaktosid. Chitin, eine bei Pilzen und Bakterien vorkommende Zellwandsubstanz, steht ebenfalls zu den Kohlenhydraten in Beziehung, es ist aus Ketten von Acetylglucosamin aufgebaut. Die Kapselsubstanzen vieler Bakterien, z. B. der Pneumokokken, bestehen aus Polysacchariden; auch hier treten Uronsäuren und dem Glucosamin entsprechende N-haltige Bausteine auf[1]).

$$\overset{*}{C}H_3 . CO . (CoA)$$

$$\downarrow \text{ \textit{Kondensation} } + CH_3 . CO . (CoA)$$

$$\overset{*}{C}H_3 . CO . CH_2 . CO . (CoA) + (CoA)$$

$$\downarrow \text{ \textit{Hydrierung} } + DPN (H_2)$$

$$\overset{*}{C}H_3 . CHOH . CH_2 . CO . (CoA) + DPN$$

$$\downarrow \text{ \textit{Dehydratation}}$$

$$\overset{*}{C}H_3 . CH = CH . CO . (CoA) + H_2O$$

$$\downarrow \text{ \textit{Hydrierung} } + FAD (H_2)^{2)}$$

$$\overset{*}{C}H_3 . CH_2 . CH_2 . CO . (CoA) + FAD$$

$$\downarrow \text{ \textit{Kondensation} } + CH_3 . CO . (CoA)$$

usw.

Um von Glucose zu Fettsäuren und Fetten zu gelangen, ist zuerst ein Abbau der Glucose bis zur Brenztraubensäure erforderlich, die auch beim Aufbau der Fettsäuren wie bei vielen anderen Prozessen eine zentrale Stellung einnimmt. Brenztraubensäure liefert durch eine besondere Art der Decarboxylierung „aktivierte Essigsäure", d. h. CH_3.CO-Gruppen, die an CoA (vgl. S. 73) gebunden sind. Der Aufbau der in den Fetten vorherrschenden Säuren mit graden Zahlen von C-Atomen beginnt mit der Kondensation von 2 CH_3 . CO . (CoA). Unter Mitwirkung verschiedener Enzymsysteme folgen aufeinander eine Reduktion (Hydrierung), eine Dehydratation und nochmals eine Hydrierung. An den Acyl-(CoA)-Komplex wird erneut CH_3.CO. angelagert usw. bis z.B. C_{14}-, C_{16}- oder C_{18}-Ketten aufgebaut worden sind und sich abschließend mit Glycerin verestern, das ebenfalls aus dem Kohlenhydrat-Abbau stammt. Andere Fettsäuren entstehen sekundär aus den in dieser Weise aufgebauten C-Ketten.

---

[1]) Dagegen bestehen die Kapseln von *Bac. anthracis* und einigen anderen *Bacillus*-Arten aus d-Glutaminsäure-Polypeptiden.

[2]) FAD, Flavin-Adenin-Dinucleotid, ist Co-Enzym eines „gelben Fermentes".

Dagegen ist über die Entstehung der ebenfalls zu den Lipiden gehörenden Sterine wenig bekannt. Sterine (polycyclische, einwertige Alkohole) sind z. B. aus Hefepilzen (Ergosterin) und aus einigen menschenpathogenen Pilzen isoliert worden, während das Vorkommen bei Bakterien noch unsicher ist. Ausgangsmaterial für den Aufbau des Sterinmoleküls scheint Essigsäure zu sein. Am Ringsystem der zu den Sterinen gehörenden männlichen und weiblichen Keimdrüsenhormone (Androsteron-, Oestron- und Progesteron-Gruppe) und ihren Vorstufen werden von vielen Pilzen und Bakterien Reduktionen und Oxydationen ausgeführt, die sich bei präparativen Arbeiten verwenden lassen.

c) Aufbau N-haltiger Körperstoffe

Hier ist der wichtigste Prozeß der Aufbau der Aminosäuren. Die Bildung der α-Aminosäuren nimmt ihren Ausgang von Fettsäuren des Kohlenhydrat-Stoffwechsels. Aus Brenztraubensäure und NH_3 entsteht z. B. Alanin, aus Ketoglutarsäure Glutaminsäure, aus Fumarsäure Asparaginsäure:

$$\underset{\text{Fumarsäure}}{HOOC \cdot CH{:}CH \cdot COOH} + NH_3 \rightarrow \underset{\text{Asparaginsäure}}{HOOC \cdot CH_2 \cdot CH(NH_2) \cdot COOH}.$$

Andere Aminosäuren werden mit Hilfe einer Transaminase unter Verlagerung einer NH_2-Gruppe von einer bereits vorhandenen Aminosäure an eine Ketosäure gebildet. Pyridoxalphosphat ist als Co-Enzym an diesem Prozeß beteiligt.

Die Verknüpfung der Aminosäuren erfolgt über die NH_2- und COOH-Gruppen (vgl. S. 69) zu Polypeptidketten, die in den Eiweißkörpern miteinander durch Brücken verbunden sind. Werden elementarer Stickstoff, NO_2- oder NO_3-Stickstoff aufgenommen, so muß zuerst eine Reduktion erfolgen. Die Stickstoffbindung bei frei lebenden und symbiontischen Mikroorganismen (vgl. Teil II) scheint als Reduktionsprozeß über Hydroxylamin oder Ammoniak zu verlaufen. Als erste Aminosäuren entstehen wahrscheinlich Asparaginsäure und Glutaminsäure:

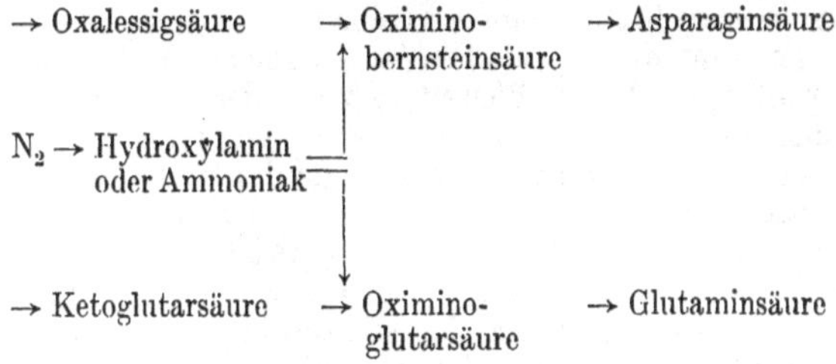

Die Synthese der in Mikroorganismen vorkommenden aromatischen und heterocyclischen Verbindungen, z. B. gewisser Aminosäuren, Wuchsstoffe und Farbstoffe, der Purin- und Pyrimidin-Derivate, der Sterine, entspricht, soweit sie aufgeklärt werden konnte, häufig den Vorgängen, die sich in umgekehrter Reihenfolge beim Abbau dieser Verbindungen abspielen. Als ein wichtiges Hilfsmittel der Forschung hat sich auf diesem Gebiet die Verwendung von Verlustmutanten, z. B. von *Neurospora* und *Esch. coli*, erwiesen (vgl. Teil II).

2. Betriebsstoffwechsel

Das Wesen des Betriebsstoffwechsels besteht im Abbau organischer Verbindungen zur Beschaffung von Energie. Diese wird für die Erhaltung des in ständiger Erneuerung begriffenen Protoplasmas mit seiner besonderen Struktur und für viele aufbauende Vorgänge des Baustoffwechsels gebraucht. Je weiter Abbau und Oxydation der organischen Moleküle fortschreiten, desto höher ist der Energiegewinn, desto geringer sind also die Stoffmengen, die zur Deckung eines bestimmten Energiebedarfs umgesetzt werden müssen.

Die chemischen Vorgänge des Betriebsstoffwechsels bestehen im wesentlichen in einleitenden hydrolytischen und in desmolytischen Spaltungen, wobei Oxydations- und Reduktionsvorgänge eng miteinander verbunden sind (Oxydoreduktionen). Die hierhin gehörenden Prozesse werden seit langem als Atmung und Gärung bezeichnet. Sie vollziehen sich mit Hilfe komplizierter Enzym- und Überträgersysteme in zahlreichen hintereinander geschalteten Stufen, so daß der Energievorrat des organischen Ausgangsmaterials allmählich frei wird und auf diese Weise besser von der Zelle ausgenutzt werden kann. Unter Gärung verstand PASTEUR das Leben ohne freien Sauerstoff im Gegensatz zu der an die Gegenwart des Sauerstoffs gebundenen Atmung. Später war Gärung jeder von der typischen Atmung abweichende Prozeß des Betriebsstoffwechsels. Heute hat die Erkenntnis, daß Atmung und Gärung ihrem Wesen nach eng verwandte Prozesse sind, dazu geführt, daß man alle mit einem Energiegewinn verbundenen Vorgänge des Betriebsstoffwechsels als Atmung im weitesten Sinn bezeichnet, also aerobe und anaerobe Atmung unterscheidet. Zur Charakterisierung der von der eigentlichen Atmung abweichenden Prozesse verwendet man weiterhin die alten Bezeichnungen, wie Essigsäuregärung, Buttersäuregärung, alkoholische Gärung, nach dem wichtigsten, bei der Dissimilation entstehenden Produkt, oder Cellulosevergärung, Pektinvergärung nach dem Ausgangsmaterial. Auch Desulfurikation und Denitrifikation fallen unter den Begriff der anaeroben Atmung.

Das Gemeinsame dieser Vorgänge liegt darin, daß sie, biologisch gesehen, Oxydationen sind, teils vollkommene, bei denen das gesamte organische Molekül bis zu anorganischen Endprodukten abgebaut wird, teils unvollkommene, bei denen das organische Molekül der Ausgangssubstanz nur wenig verändert oder nur teilweise bis zu anorganischen Endprodukten abgebaut wird, wobei ein anderer Teil des Moleküls gleichzeitig der Reduktion unterliegt. Ein Beispiel der ersten Art ist die Veratmung von Zucker (Glucose) zu CO_2 und H_2O:

$$C_6H_{12}O_6 + 6\ O_2 \rightarrow 6\ CO_2 + 6\ H_2O + 674\ \text{Kal.},$$

ein Beispiel der zweiten Art die anaerob verlaufende alkoholische Vergärung des Zuckers:

$$C_6H_{12}O_6 \rightarrow 2\ CO_2 + 2\ C_2H_5OH + 22{,}4\ \text{Kal.}$$

Der erhebliche Unterschied in der Zahl der freiwerdenden Kalorien zeigt, wie wenig ökonomisch die unvollkommene Oxydation vom energetischen Standpunkt aus ist.

Der biologischen Oxydation liegen in chemischer Beziehung recht verschiedene Mechanismen zugrunde. Es kann sich handeln um eine Aufnahme von Sauerstoff (Oxydation im engeren Sinn), um eine Abgabe von Wasserstoff (Dehydrierung) oder um die Abgabe von Elektronen, verbunden mit einem Valenzwechsel. (Der umgekehrte Vorgang entspricht einer Reduktion.) Einfache Beispiele sind

die Oxydation von Glucose zur Gluconsäure durch Sauerstoffaufnahme:

$$CH_2OH \cdot (CHOH)_4 \cdot CHO + {}^1/_2\,O_2 \rightarrow CH_2OH \cdot (CHOH)_4 \cdot COOH,$$

die Oxydation von Bernsteinsäure zu Fumarsäure durch Abgabe von Wasserstoff über einen Wasserstoff-Akzeptor:

$$COOH \cdot CH_2 \cdot CH_2 \cdot COOH \rightarrow COOH \cdot CH : CH \cdot COOH + (2\,H)$$

der Valenzwechsel des Eisens:

$$Fe^{++} \xrightarrow{-\,e} Fe^{+++}.$$

Um die Reaktion bei den in der lebenden Zelle gegebenen Bedingungen unter Mitwirkung von Enzymen in Gang zu bringen, sind Aktivierungsvorgänge erforderlich. Sie erstrecken sich teils auf den Sauerstoff (Sauerstoffaktivierung nach WARBURG), teils auf das Atmungssubstrat, das dehydriert werden soll (Wasserstoffaktivierung nach WIELAND). Die beteiligten Enzymsysteme bestehen aus zahlreichen Einzelenzymen. Dient Sauerstoff als Wasserstoffakzeptor, so verläuft der Prozeß als aerobe Atmung. In allen anderen Fällen der Dehydrierung wird der Wasserstoff auf organische oder anorganische Verbindungen übertragen, die dadurch reduziert werden. Spielen sich die Wasserstoff-Verschiebungen innerhalb eines Moleküls ab, wie bei der alkoholischen Gärung, so spricht man von intramolekularer Atmung. Der eigentliche „Brennstoff" der Zelle im Betriebsstoffwechsel ist letzten Endes der Wasserstoff.

a) Aerobe Atmung

Die summarische Gleichung, nach der dieser Prozeß bei Veratmung von Glucose, dem wichtigsten Atmungssubstrat, verläuft, ist die Umkehr der Gleichung für die CO_2- Assimilation. Als Atmungs- oder Respirations-Quotienten RQ bezeichnet man das Verhältnis von erzeugtem CO_2 zu verbrauchtem O_2. Bei Veratmung von Glucose ist ein Atmungsquotient 1 zu erwarten. Wird eine Substanz veratmet, in der H, O und C in anderen Mengenverhältnissen wie in den Kohlenhydraten enthalten sind, z. B. organische Säuren, Fette oder Proteine, so ändert sich RQ.

Ein wichtiges Atmungsferment ist das WARBURGsche Atmungsferment, das in Verbindung mit Cytochromen wirksam ist. Die Cytochrome sind Fe-haltige Porphyrin-Eiweißverbindungen, die fast in allen, dem freien Sauerstoff ausgesetzten Zellen vorhanden sind und durch den Wertigkeitswechsel ihres Eisen-Atoms als Redoxsysteme wirken, jedoch — da sie nicht autoxydabel sind — nur in Verbindung mit einer Cytochrom-Oxydase, nämlich dem Warburgschen Atmungsferment auftreten. Die Atmungssubstanz (Donator) AH_2 wird zu A und H_2O oxydiert, der Sauerstoff reagiert also nicht mit der Atmungssubstanz, sondern wird durch den vom Substrat stammenden Wasserstoff zu H_2O reduziert. Der Wasserstoff legt folgenden Weg vom Substrat zum Luftsauerstoff zurück:

$$\text{Substrat} \xrightarrow{\textit{Dehydrogenase}} \text{Cytochrome} \xrightarrow{\textit{Cytochromoxydase}} \text{Sauerstoff}$$

Bei der aeroben Atmung unter Mitwirkung der Fe-freien, Laktoflavin-haltigen Flavinenzyme entsteht im letzten Abschnitt der Umsetzungen H_2O_2 bei Übertragung des Wasserstoffs auf den Luftsauerstoff als Akzeptor. Da H_2O_2 ein Zellgift ist, muß es durch gleichzeitig vorhandene Katalase sofort zerlegt werden, wenn eine Schädigung der Zellen vermieden werden soll:

$$2\,H_2O_2 \xrightarrow{\textit{Katalase}} 2\,H_2O + O_2 .$$

Es hat sich gezeigt, daß obligat anaerobe Bakterien meist keine Katalase besitzen; die Annahme liegt nahe, daß die Schädigung, die sie durch freien Sauerstoff erleiden, auf

H_2O_2 zurückzuführen ist, der beim Übergang von der für diese Organismen normalen anaeroben zur aeroben Atmung entsteht. Will man Anaerobier unter Luftzutritt kultivieren, muß man durch Zuführung eines geeigneten Reduktionsmittels (z. B. Cystin oder das cystinhaltige Tripeptid Glutathion) das Reduktionsvermögen des Mediums erhöhen und dadurch die Zellen schützen (vgl. Teil II).

b) Desulfurikation und Denitrifikation

Ein Vorgang, der bei der Assimilation von Nitraten und Sulfaten allgemein verbreitet ist, nämlich die einleitende Reduktion, die den Übergang des Stickstoffs und des Schwefels in die organische Bindung vorbereitet, tritt uns hier in gesteigertem Umfang im Zusammenhang mit dem Betriebsstoffwechsel entgegen. Die hierhin gehörenden Bakterien sind im allgemeinen C-heterotroph. Sie gewinnen unter anaeroben Bedingungen den als Akzeptor zur Veratmung (Dehydrierung) von Kohlenhydraten, organischen Säuren und anderen Verbindungen erforderlichen Sauerstoff durch Reduktion von Nitraten zu Nitriten, Stickoxydul (N_2O) und elementarem Stickstoff (Denitrifikation) oder bis zu Ammoniak (Ammonifikation) oder durch Reduktion von Sulfaten zu H_2S (Desulfurikation).

Während die Denitrifikation unter geeigneten Bedingungen durch zahlreiche Bakterien eingeleitet werden kann (z. B. durch *Ps. fluorescens, aeruginosa; Esch. coli; Bac. nitroxus, mycoides*), ist Desulfurikation meist an den im Boden und vor allem in Schlammablagerungen des Süß- und Salzwassers vorkommenden *Desulfovibrio desulfuricans* gebunden. In der Natur ist die Desulfurikation der am weitesten verbreitete Vorgang, der zur Entstehung von H_2S führt. An den Standorten von *Desulfovibrio* siedeln sich häufig Schwefelmikroben an. Eisensalze werden als dunkelfarbiges Sulfid ausgefällt, so daß eisenhaltige Schlammablagerungen sich grauschwarz färben, solange die reduktiven Bedingungen anhalten und eine Oxydation des Eisens unterbleibt. *Desulfovibrio* tritt in mehreren Rassen auf, die sich in bezug auf die Verwertbarkeit verschiedener organischer Verbindungen als H-Donatoren unterscheiden. Es gibt ferner halophile, thermophile, N-bindende Stämme. Auch C-Autotrophie bei Gegenwart von H_2 als Reduktionsmittel ist beobachtet worden. Sporenbildende Desulfurizierer werden neuerdings zur Gattung *Clostridium* gestellt.

Denitrifikation:

$$24\,KNO_3 + 5\,C_6H_{12}O_6 = 6\,CO_2 + 24\,KHCO_3 + 18\,H_2O + \underline{12\,N_2}$$
$$3\,KNO_3 + C_6H_{12}O_6 = 3\,CO_2 + 3\,KHCO_3 + \underline{3\,NH_3}$$

Desulfurikation:

$$3\,K_2SO_4 + C_6H_{12}O_6 = 6\,KHCO_3 + \underline{3\,H_2S}$$
$$CaSO_4 + CO_2 + 8\,H = CaCO_3 + 3\,H_2O + \underline{H_2S}\,.$$

c) Alkoholische Gärung

Zymase, der Enzymkomplex der alkoholischen Gärung, besteht aus etwa einem Dutzend Einzelfermenten, die nacheinander in den Abbau der Glucose oder anderer gärfähiger Kohlenhydrate eingreifen. Zum erstenmal gelang BUCHNER (1897) die Abtrennung der Zymase von der lebenden Zelle in einem aus zerriebenen Hefezellen unter Anwendung von hohem Druck gewonnenen Preßsaft. An Preßsäften und anderen Enzympräparaten sind zahlreiche biochemische Untersuchungen zur Aufklärung des Gärverlaufs durchgeführt worden. Das folgende Schema gibt wieder, wie man sich heute in großen Zügen den Verlauf der alkoholischen Gärung denkt. Sämtliche Prozesse sind umkehrbar, soweit die Energieverhältnisse es zulassen:

Glucose
↓ *Hexokinase* + ATP
Glucose-6-Phosphat + ADP
↓ *Phosphohexose-Isomerase*
Fructose-6-Phosphat
↓ *Hexokinase* +ATP
Fructose-1,6-Diphosphat + ADP

ATP = Adenosintriphosphat

ADP = Adenosindiphosphat

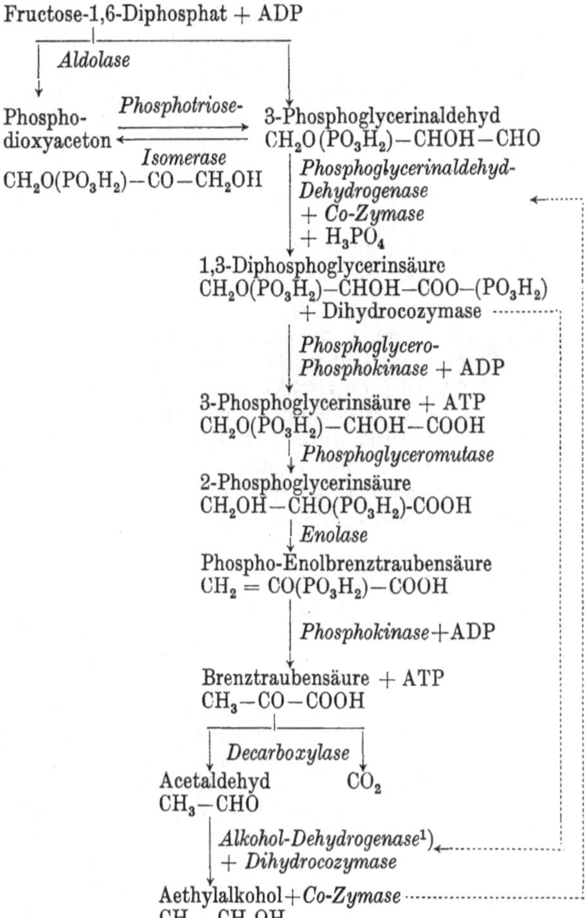

[1]) Das Enzym wirkt hier „rückwärts", d. h. es hydriert Acetaldehyd zu Alkohol.

Der mit Phosphorsäure veresterte Zucker wird zunächst in zwei miteinander im Gleichgewicht stehende Phosphotriosen gespalten, von denen Phosphoglycerinaldehyd weiterverarbeitet und durch eine Dehydrogenase zu Phosphoglycerinsäure oxydiert und in Phosphobrenztraubensäure übergeführt wird. Hier erst wird die Esterbindung gelöst, und die Brenztraubensäure spaltet CO_2, das eine der beiden Hauptgärprodukte, ab. Das zweite, Aethylalkohol, entsteht durch Reduktion des Acetaldehyds mit dem Gärungswasserstoff, der bei der Oxydation des Glycerinaldehyds von Cozymase aufgenommen und als Dihydrocozymase übertragen wird.

Nebenprodukte der alkoholischen Gärung sind vor allem kleine Mengen Glycerin, Bernsteinsäure und höhere Alkohole (Fuselöle). Glycerin entsteht zu Beginn der Gärung aus Glycerinaldehyd durch Disproportionierung (Dismutation), wobei außerdem Glycerinsäure gebildet und entsprechend dem Schema weiterverarbeitet wird. Bernsteinsäure und Fuselöle, unter ihnen besonders Gärungsamylalkohol, sind dagegen nicht mit der Zuckervergärung verbunden sondern mit dem Abbau von Aminosäuren, die aus der Nährlösung stammen (vgl. S. 135).

Der Gärungsverlauf läßt sich experimentell beeinflussen, indem man durch Zusätze einzelne Enzyme blockiert oder wichtige Zwischenprodukte abfängt, d. h. sie in unlösliche Verbindungen überführt und dadurch aus dem weiteren Verlauf der Gärung ausschaltet. Zusatz von Sulfit führt zur Entstehung einer unlöslichen Acetaldehyd-Sulfit-Verbindung. Der Gärungswasserstoff vermag Acetaldehyd nicht mehr zu reduzieren und geht auf Glycerinaldehyd über, so daß die Glycerinausbeute steigt. Bei alkalischer Reaktion der gärenden Lösung werden je 2 Moleküle Acetaldehyd zu Essigsäure und Aethylalkohol dismutiert (Reaktion nach Cannizzaro), und der Gärungswasserstoff reduziert ebenfalls Glycerinaldehyd, ein Verfahren, das zur Glyceringewinnung benutzt worden ist. Mit Hilfe von Fluoriden läßt sich Enolase blockieren, so daß sich Phosphoglycerinsäuren ansammeln und nachgewiesen werden können.

Wichtigste Gärungserreger sind die Hefepilze (Saccharomyceten und Pseudosaccharomyceten), sie finden technische Verwendung bei der Wein- und Bierbereitung, in der Brennerei, beim Backprozeß. Auch bei anderen Pilzen und bei Bakterien kommt der Zymasekomplex vor. Einige Mucoraceen, Aspergillaceen, Fusariumarten sind zur alkoholischen Gärung befähigt, die bei Mucoraceen mit einer formativen Veränderung („Mucorhefe") verbunden sein kann (vgl. Teil II). Unter den Bakterien zeigen z. B. *Sarcina ventriculi* und der aus gärendem Agavensaft isolierte *Zymomonas mobilis* alkoholische Gärung, die jedoch teilweise anders als bei Hefepilzen verläuft, bei Zymomonas wahrscheinlich über Phosphogluconsäure, die zu einer Pentose decarboxyliert wird. Diese zerfällt in eine C_3- und C_2-Verbindung und liefert je Mol etwa 2 Mol C_2H_5OH und 1 Mol CO_2, sodaß auch hier insgesamt 2 Mol CO_2 frei werden.

Die entstehenden Alkoholmengen sind je nach Art und Rasse des Gärungserregers recht verschieden. Sie erreichen bei besonders hoch vergärenden Südweinhefen etwa 18%, bei niedrig vergärenden Hefen nur etwa 3—4%, dann setzt bei der lebenden Zelle eine Gärungshemmung ein. Das Vermögen zur Zellvermehrung (Sprossung oder Spaltung) scheint jeweils eine geringere Alkoholtoleranz zu besitzen als das Gärvermögen. Noch empfindlicher sind viele am natürlichen Standort gärender Hefepilze vorkommende Pilze und Bakterien.

Für die Hefepilze sind nur die d-Formen der Hexosen Glucose, Fructose, Mannose und Galaktose vergärbar. Disaccharide wie Maltose, Saccharose, Laktose oder Trisaccharide wie Raffinose und das in der Zelle als Reservestoff gespeicherte Glykogen werden vor der Vergärung wohl meist durch die entsprechenden Enzyme in Hexosen zerlegt. Pentosen werden von *Fusarium*-Arten vergoren, nicht von Hefepilzen. Auch Stärke wird nicht vergoren. Die Fähigkeit, bestimmte der oben genannten Zuckerarten zu vergären, andere dagegen nicht, ist art- oder rassenspezifisch und wird besonders in der Gattung *Saccharomyces* zusammen mit anderen physiologischen Merkmalen zur Ergänzung der nicht ausreichenden morphologischen Merkmale als Hilfsmittel bei der Unterscheidung von Arten herangezogen.

Die Zufuhr von Sauerstoff, die z. B. durch Lüftung des Göransatzes erreicht wird, bewirkt eine Umstellung von der Gärung zur Atmung und eine Verminderung des Zuckerverbrauches (Pasteur-Effekt), da bei der Oxydation der gesamte Energievorrat des Zuckers verwertet wird. Gleichzeitig steigt die Vermehrung an. Bei der Herstellung von Bäckerhefe (Preßhefe) und von Futterhefe wird daher nach dem Lüftungsverfahren gearbeitet. Sporenbildung und Sporenkeimung der Hefepilze sind ebenfalls an die Gegenwart von Sauerstoff gebunden.

d) Saure Gärungen

Zahlreiche Bakterien und Pilze vermögen im Betriebsstoffwechsel teils aerob („oxydative Gärungen"), teils anaerob aus Kohlenhydraten und anderen Ausgangsstoffen Säuren neben anderen Verbindungen zu bilden. Die wichtigsten hierhin gehörenden Vorgänge, von denen einzelne näher besprochen werden sollen, sind folgende:

aerob		anaerob	
Bildung von	durch	Bildung von	durch
Essigsäure aus Aethylalkohol, Hexosen	Essigsäure-bakterien, Hefepilze	Milchsäure aus Zuckern	Milchsäure-bakterien, *Esch. coli* usw., Hefepilze
Gluconsäure aus Glucose	Aspergillaceen, Essigsäure-bakterien	Propionsäure aus Zuckern und milch-sauren Salzen	Propionsäure-bakterien
Fumarsäure aus Glucose	Aspergillaceen (*Asp. fumaricus*), Mucoraceen (*Rhizopus*-Arten)	Buttersäure aus Kohlenhydraten, Glycerin, fettsauren Salzen	Buttersäure-bakterien

Fortsetzung Seite 119

aerob		anaerob	
Bildung von	durch	Bildung von	durch
Citronensäure aus Zuckern, Glycerin, Essigsäure usw.	Aspergillaceen	Ameisensäure aus Zuckern	Bakterien aus der Familie der Enterobacteriaceen (*Esch. coli*, *Proteus*, *Aerobacter* usw.)
Oxalsäure aus Zuckern, fettsauren Salzen	Aspergillaceen, Mucoraceen und viele andere Pilze		

Essigsäurebakterien der Gattung *Acetobacter* sind kurze, zur Ketten- und Fadenbildung neigende, meist unbewegliche, sporenlose Stäbchen, die auf der Nährlösung Häute bilden (Abb. 25). Bei manchen Arten ist die Haut zart und hinfällig, bei *Acetobacter xylinum* wird sie mehrere mm dick, sie ist zäh, lederartig und gibt Cellulosereaktion. Essigsäurebakterien sind wie die Hefen weit verbreitet in zahlreichen Rassen und Arten, die sich in ihren Ansprüchen an die N-Quelle, in der Wuchsform, in der Höhe der Essigsäuretoleranz, die bei manchen technisch verwendeten Arten etwa 15% Säure erreicht, und in der Art der entstehenden Begleitstoffe unterscheiden.

Die Vergärung des Aethylalkohols erfolgt über Acetaldehyd, der wahrscheinlich auf verschiedenen Wegen weiterverarbeitet wird. Bei saurer Reaktion, wie sie auch bei der technischen Gärung vorhanden ist, wird Acetaldehyd mit O_2 als H-Akzeptor dehydriert.

Aethylalkohol

↓ *Alkohol-Dehydrogenase* $+ O_2$

Acetaldehyd $+ H_2O_2 \xrightarrow{\textit{Katalase}} H_2O + \frac{1}{2} O_2$

↓ $+ H_2O$

Acetaldehydhydrat

Acetaldehydhydrat

$\downarrow$ *Aldehyd-Dehydrogenase* $+ O_2$

$$\text{Essigsäure} + H_2O_2 \xrightarrow{\textit{Katalase}} H_2O + {}^1/_2 O_2.$$

In alkalischen Medien und bei Sauerstoffmangel entsteht Essigsäure durch Dismutation (Oxydoreduktion) zwischen 2 Molekülen Acetaldehyd, wobei 1 Molekül Alkohol rückgebildet wird, ein Prozeß, der unter entsprechenden Bedingungen auch bei Hefepilzen erfolgt:

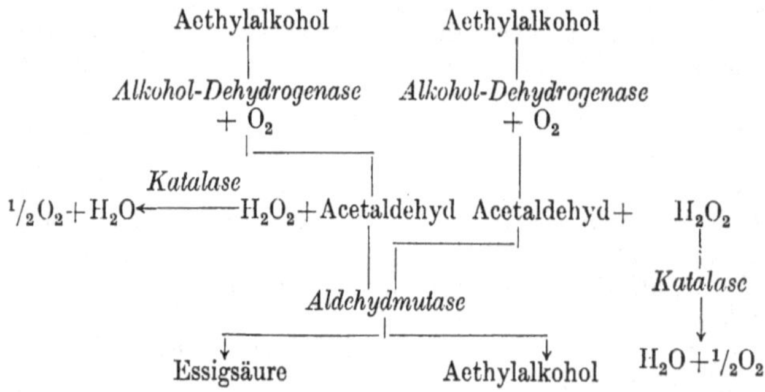

Bei Ersatz des Luftsauerstoffs durch organische H-Akzeptoren (z. B. Methylenblau, Chinon) kann die Essigsäuregärung auch anaerob verlaufen. Von manchen Essigsäurebakterien (z. B. *Acetobacter rancens*) kann bei Alkoholmangel Essigsäure angegriffen werden, indem sie teils zu CO_2 und H_2O veratmet („Überoxydation" bei der technischen Essigsäuregärung), teils als C-Quelle assimiliert wird.

Zahlreiche andere Oxydationen können ebenfalls von Essigbakterien je nach ihrer Artzugehörigkeit durchgeführt werden. Es entstehen z. B. aus n-Propylalkohol Propionsäure, aus Isoamylalkohol Isovaleriansäure, aus Aethylenglykol Glykolsäure, aus Sorbit l-Sorbose, aus Glucose Gluconsäure.

Buttersäurebakterien (Abb. 25) lassen sich aus Erde isolieren, wenn man z. B. eine rohe Kartoffel mit anhaftenden Erdresten in einem Standzylinder unter hoher Wasserschicht aufstellt. Es entwickeln sich neben Protozoen und zahlreichen

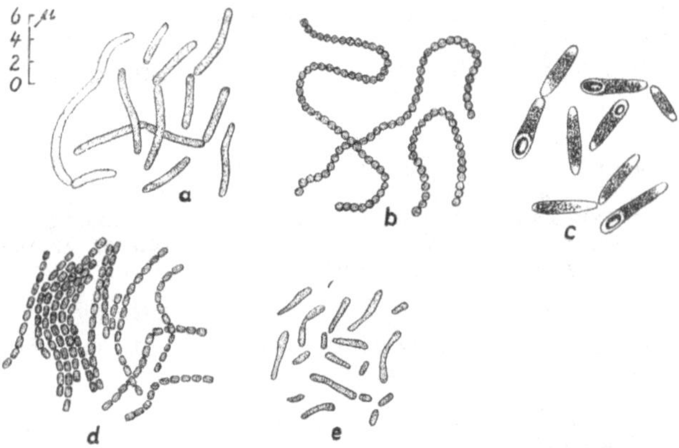

Abb. 25. Bakterien der sauren Gärungen. Milchsäurebakterien a: *Lactobact. delbrueckii*, b: *Streptoc. cremoris*. Buttersäurebakterien c: *Clostr. butylicum*. Essigsäurebakterien d: *Acetobacter pasteurianus*. Propionsäurebakterien e: *Propionibact. pentosaceum*.

anderen Bakterien bewegliche, anaerobe Langstäbchen der Gattung *Clostridium*, deren Zellen bei der Sporenbildung, je nach der Lage der Spore im Sporangium, spindel- oder keulenförmig anschwellen. An der Buttersäuregärung sind auch nicht-sporenbildende anaerobe Stäbchen der Gattung *Butyribacterium* beteiligt. *Clostr. pasteurianum* ist gleichzeitig N-Binder und bindet unter Laboratoriumsbedingungen 2—7 mg N je 1 g verbrauchter Kohlenstoffquelle, also etwas weniger als *Azotobacter chroococcum*, für den im Durchschnitt etwa 10 mg angegeben werden. Die Vergärung der Pektine durch bestimmte Buttersäurebildner ist der entscheidende Prozeß bei der Aufarbeitung von Faserpflanzen (Flachs, Hanf) durch Wasserrotte, wobei die Sklerenchymfaserbündel aus dem Gewebeverband herausgelöst werden. Die Buttersäuregärung ist der Typ einer obligat anaeroben Gärung. Die Ausgangsstoffe, Zuckerarten, Pektin, Stärke, fettsaure Salze usw., werden zu n-Buttersäure umgesetzt, die von zahlreichen Nebenprodukten, wie n-Butylalkohol, Aethylalkohol, Isopropylalkohol, Aceton, Ameisensäure, Essigsäure und anderen Säuren, CO_2, H_2 begleitet ist. Je nach dem Vorherrschen bestimmter Gärprodukte werden verschiedene Gruppen unterschieden:

Buttersäurebakterien (Buttersäure, Essigsäure usw.): *Clostr. saccharobutyricum*, *Clostr. pasteurianum*, *Butyribact. rettgeri* ferner einige menschenpathogene und toxinbildende Clostridien, die in Verbindung mit dem Abbau von Eiweißkörpern Buttersäure bilden (*Clostr. tetani*, *botulinum*, *histolyticum*);

Butylalkoholbakterien (Butylalkohol und Aceton oder Isopropylalkohol): *Clostr. butylicum*, *acetobutylicum*;

Caprylsäurebakterien (Caprylsäure neben anderen Fettsäuren): *Clostr. kluyveri*.

Einige fakultativ anaerobe Bacillus-Arten (*Bac. macerans*, *Bac. polymyxa*), *Aerobacter aerogenes* und andere fakultative Anaerobier verhalten sich in bezug auf den Gärungsverlauf ähnlich wie *Clostridium*-Arten; sie bilden hauptsächlich 2,3-Butylenglykol, Aceton, Aethylalkohol. Schlüsselsubstanzen der verschiedenen buttersauren Gärungen sind Brenztraubensäure oder Essigsäure. Der Weg von der C_3-Kette der Brenztraubensäure zur C_4-Kette der Buttersäure führt in einem komplizierten, enzymatischen Prozeß über die an Co-Enzym A gebundenen Acetylgruppen der aktivierten Essigsäure. Butylalkohol entsteht durch Reduktion aus Butyrylphosphat. Essigsäure kann zu Acetessigsäure kondensiert werden; diese liefert mit Hilfe einer spezifischen Decarboxylase Aceton, das unter Mitwirkung von Dihydrocozymase oder einem anderen H-Donator zu Isopropylalkohol reduziert wird.

Brenztraubensäure
$2\,CH_3 \cdot CO \cdot COOH$
↓ *Transacetylase* + *(CoA)*
2 Acetyl-*(CoA)* + $2\,CO_2$
$2\,CH_3 \cdot CO \cdot$ *(CoA)*
↓
Acetacetyl-*(CoA)*
$CH_3 \cdot CO \cdot CH_2 \cdot CO \cdot$ *(CoA)* + *(CoA)*
↓ *Hydrogenlyase* + *Dihydrocozymase*
β-Hydroxybutyryl-*(CoA)*
$CH_3 \cdot CHOH \cdot CH_2 \cdot CO \cdot$ *(CoA)*
↓
Butyryl-*(CoA)*
$CH_3 \cdot CH_2 \cdot CH_2 \cdot CO$ *(CoA)*
↓
Buttersäure
$CH_3 \cdot CH_2 \cdot CH_2 \cdot COOH$ + *(CoA)*
↓
Butylalkohol
$CH_3 \cdot CH_2 \cdot CH_2 \cdot CH_2OH$

Essigsäure
$2\,CH_3COOH$
↓
Acetessigsäure
$CH_3 \cdot CO \cdot CH_2 \cdot COOH$
↓ *Acetessigsäure-Decarboxylase*
Aceton
$CH_3 \cdot CO \cdot CH_3 + CO_2$
↓ *Dihydrocozymase*
Isopropanol
$CH_3 \cdot CHOH \cdot CH_3$

Milchsäurebakterien sind weder morphologisch noch physiologisch eine einheitliche Gruppe. Wir treffen auf Kokken, Kurzstäbchen, Langstäbchen, die teils aerob oder mikroaerophil, teils fakultativ oder obligat anaerob sind und keine Sporen bilden (Abb. 25).

Neben „homofermentativen" Arten wie *Lactobact. bulgaricum*, *delbrueckii*, *plantarum*, *Streptoc. lactis*, die überwiegend Milchsäure erzeugen (bis 95% der theoretisch möglichen Menge), gibt es andere „heterofermentative", die biochemisch zur *coli-aerogens*-Gruppe überleiten und neben

Milchsäure andere Säuren, wie Essigsäure, Bernsteinsäure, Propionsäure, ferner Aethylalkohol, Acetoin, CO_2, H_2, oft in größeren Mengen als Milchsäure, bilden. Das Auftreten von Säure und Gas bei *Esch. coli* in Glucose- oder Laktose-haltigen Medien ist ein wichtiges Unterscheidungsmerkmal gegenüber *Salmonella typhi*, die in der Kultur weder Säuren noch Gas bildet und Ruhrbakterien der Gattung *Shigella*, die zwar Säure, aber wegen des Fehlens einer Decarboxylase kein Gas bilden.

Die Ansprüche, die von homofermentativen Milchsäurebakterien an das Medium gestellt werden, sind mit wenigen Ausnahmen hoch. Das Synthesevermögen für Aminosäuren ist gering. Definierte Medien für *Lactobacterium*-Arten enthalten daher meist zahlreiche Aminosäuren und Wirkstoffe (vgl. Tab. 2). Die heterofermentativen Arten, zu denen *Lactobact. bifidum* und *breve*, *Leuconostoc mesenterioides* gehören, sind anspruchsloser und kommen oft schon mit einem NH_4-Salz oder einzelnen Aminosäuren als N-Quelle aus.

Milchsäurebakterien finden sich vor allem im Mist, in der Milch, auf Pflanzen, als Darmbewohner und in Silofutter. Abgesehen von der technischen Erzeugung von Gärungsmilchsäure, spielen Milchsäurebakterien eine große Rolle in der Molkereiwirtschaft, bei der Silage von Grünfutter, bei verschiedenen Lebensmittelgärungen (Salzgurken, Sauerkraut usw.). Milchsäure wird vor allem aus Kohlenhydraten gebildet, und zwar stets als Aethylidenmilchsäure (α-Oxypropionsäure), CH_3—CHOH—COOH. Einzelne Arten können Pentosen oder mehrwertige Alkohole (Glycerin) verwerten. Je nach Art der beteiligten Bakterien, aber auch beeinflußbar durch die Ernährungsverhältnisse, entsteht entweder das inaktive d-l-Gemisch oder eine der beiden optischen Antipoden. Der chemische Verlauf der Milchsäuregärung gleicht bis zur Brenztraubensäure-Stufe dem Abbau der Glucose durch Hefepilze. Im einfachsten Fall, bei der homofermentativen Gärung, wird Brenztraubensäure durch Milchsäure-Dehydrogenase zu Milchsäure reduziert, wobei der Gärungswasserstoff durch Cozymase übertragen wird. Der heterofermentative Gärungsverlauf mit seinen von Art zu Art wechselnden Nebenprodukten führt über verschiedene Wege und ist erst teilweise bekannt. Essigsäure, Ameisensäure, Milchsäure, Aethylalkohol und CO_2 entstehen aus Brenztraubensäure unter Beteiligung von Liponsäure, Cocarboxylase, Cozymase über Acetyl-CoA. Wasserstoff stammt aus der Vergärung der Ameisensäure (vgl. S. 126).

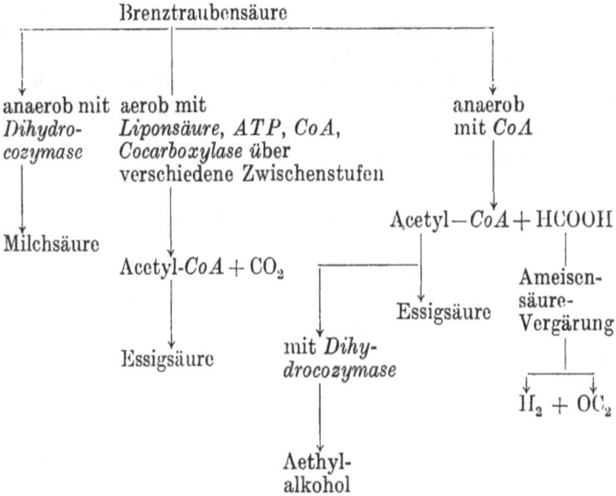

Einzelne Pilze, besonders *Rhizopus*-Arten, bilden unter aeroben Bedingungen Milchsäure.

Träger der Propionsäuregärung ist in erster Linie die Gattung *Propionibacterium*, die etwa 12 Arten umfaßt. Es handelt sich um mikroaerophile bis anaerobe, nicht-sporenbildende, unbewegliche, gram-positive Stäbchen, die oft gebogen oder geschwollen, auch kokkoid und verzweigt sind (Abb. 25). In morphologischer Beziehung besteht Ähnlichkeit mit *Corynebacterium*. Es ist bemerkenswert, daß auch Stämme von *Corynebact. diphtheriae* unter anaeroben Bedingungen organische Säuren, darunter Propionsäure bilden. Bei Clostridien (*Clostr. propionicum*) kommt ebenfalls Propionsäuregärung vor. Standort der Propionibakterien sind vor allem Milch und Molkereiprodukte (Käse, Butter)[1]), sie kommen ferner im Boden und auf Silofutter vor. Als Ausgangsmaterial für die Propionsäuregärung dienen in erster Linie Kohlenhydrate, besonders Glucose, Laktose, ferner organische Säuren, besonders Milchsäure. Bis zur Brenztraubensäure ist der Verlauf der Gärung der gleiche wie bei anderen anaeroben Gärungen. Neben Propionsäure entstehen CO_2, Essigsäure und kleine Mengen Bernsteinsäure.

Für den Gärungsverlauf ist charakteristisch der Weg über Bernsteinsäure unter Einbeziehung von CO_2 (Wood-Werkman-Reaktion), wobei aus 3 Molekülen Triose 2 Propionsäure-, 1 Essigsäure- und 1 CO_2-Molekül entstehen:

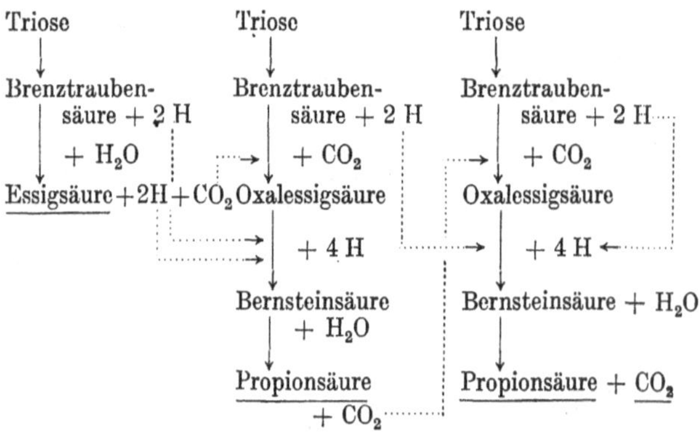

Ameisensäure kann neben anderen Produkten bei verschiedenen anaeroben sauren Gärungen entstehen. Meist wird sie sofort durch das Enzymsystem der Hydrogenlyase abgebaut, wobei Wasserstoffgas frei wird:

$$HCOOH \rightarrow CO_2 + 2\,H^+ + 2\,e$$

$$2\,H^+ + 2\,e \rightarrow H_2\,.$$

[1]) Im Emmenthaler (Schweizer) Käse geht die Lochbildung auf die bei der Propionsäuregärung entstehenden Gärblasen (CO_2) zurück.

Neben Ameisensäure entstehen je nach den Versuchsbedingungen und nach der Art der beteiligten Mikroorganismen Milchsäure, Aethylalkohol, Essigsäure, Bernsteinsäure, Acetoin (Acetylmethylcarbinol). Als Ausgangssubstanz dienen vor allem verschiedene Hexosen, ferner Arabinose, Mannit, Zuckersäuren, Glycerin, organische Säuren. Schlüsselsubstanz ist wie bei den vorhergegangenen Gärungen Brenztraubensäure, die auf verschiedenen Wegen weiterverarbeitet wird, wobei die Zusammenhänge im einzelnen noch nicht überall klar sind und hier nur in einem Schema angedeutet werden können:

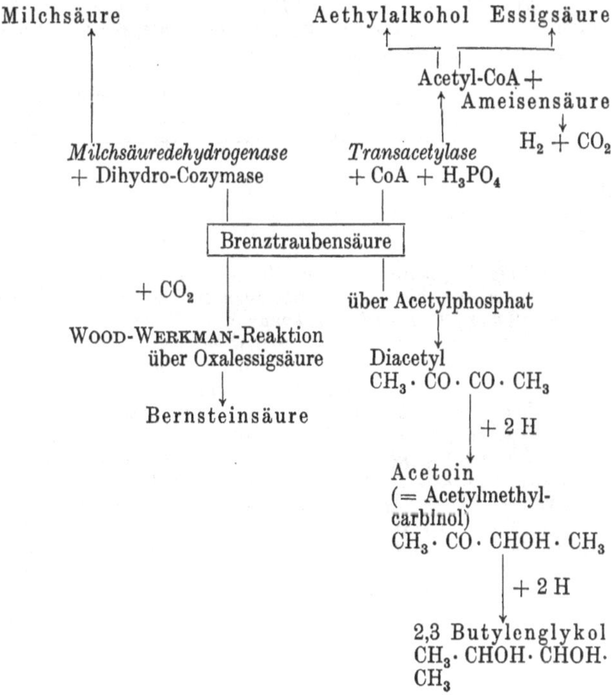

Gärungen dieser Art kommen vor allem bei Enterobacteriaceen vor, z. B. bei *Esch. coli* und bei *Aerobacter aerogenes.* Auch *Bac. subtilis* und *Bac. polymyxa* müssen erwähnt werden. Acetoin wird nur von *Aerobacter* und den beiden *Bacillus*-Arten gebildet, die außerdem Acetoin weiter zu Butylenglykol reduzieren. Diacetyl ist die gleiche Substanz, die in kleinen Mengen in frischer Butter als Aromabildner vorkommt und dort von *Streptococcus*-Arten (besonders *Str. cremoris*) gebildet wird.

Bei der Beurteilung der hygienischen Qualität von Trinkwasser spielt die Differentialdiagnose zwischen *Escherichia* und *Aerobacter* eine wichtige Rolle. Sie stützt sich unter anderem auf folgende biochemischen Merkmale, die allerdings nicht ohne Ausnahmen gelten:

	Esch. coli	*Aerobacter aerogenes*
Methylrot-Reaktion	+	0
Indolbildung	+	0
VOGES-PROSKAUER-Reaktion	0	+
Citrat-Verwertung	0	+

Escherichia bildet in größerer Menge Säure (CH_3COOH) als *Aerobacter*, bei dem die Säurebildung zugunsten der Acetoinbildung zurückbleibt und zusätzlich CO_2 entsteht. In *Escherichia*-Kulturen sinkt der pH-Wert auf etwa 4, so daß Methylrot als Indikatorfarbstoff von orange in rot umschlägt. In *Aerobacter*-Kulturen bleibt der pH-Wert etwa bei 5,5 stehen. Indol stammt aus dem Abbau von Tryptophan, der bei der Mehrzahl der untersuchten Stämme nur bei *Escherichia*, jedoch nicht bei *Aerobacter*, bis zur Indol-Stufe erfolgt. Die VOGES-PROSKAUER-Reaktion beruht darauf, daß in der Kulturflüssigkeit vorhandenes Acetoin oder Butylenglycol bei Lüftung und alkalischer Reaktion zu Diacetyl oxydiert wird. Diacetyl gibt mit Kreatin- und Guanidin-Derivaten (Verbindungen, die im Pepton enthalten sind) ein Produkt, das die Nährlösung rosa verfärbt[1]). *Aerobacter* vermag im Gegensatz zu *Escherichia* in einem synthetischen Medium Citrat als einzige C-Quelle zu verwerten. Das Vorkommen von *Escherichia* im Trinkwasser deutet, da *Escherichia*

[1]) Der Ablauf der Reaktion wird beschleunigt, wenn man α-Naphthol und Kreatin hinzusetzt.

ein typischer Darmbewohner ist, auf eine Verunreinigung mit Fäkalien hin. *Aerobacter*-Arten haben dagegen ihren Standort vorwiegend im Boden, besitzen also nicht die gleiche hygienische Bedeutung wie *Escherichia*.

Eine nur geringfügige Veränderung wird durch die aerob verlaufende Gluconsäuregärung der Glucose bewirkt. Als Gärungserreger kommen Essigsäurebakterien, *Pseudomonas*-Arten und zahlreiche *Aspergillus*- und *Penicillium*-Arten in Frage. Das wirksame Enzym (Glucose-Oxydase = Glucose-Dehydrogenase), ein Flavoprotein, ist identisch mit dem von *Pen. notatum* gebildeten Antibiotikum Notatin, das beim Fehlen von Katalase wachstumshemmend oder abtötend wirkt:

$$\underset{C_6H_{12}O_6}{\text{Glucose}} \xrightarrow[+\ H_2O\ +\ O_2]{\textit{Notatin}} \underset{C_6H_{12}O_7}{\text{Gluconsäure}} + H_2O_2$$

Entsprechende Säuren entstehen auch aus anderen Aldose-Zuckern, z. B. aus Galaktose, Arabinose. In einigen Fällen schreitet die Oxydation bis zu Ketosäuren, z. B. 5-Ketogluconsäure, fort.

Oxalsäure- und Citronensäuregärung kommen bei Pilzen vor. Oxalsäure entsteht im Stoffwechsel zahlreicher Pilze, z. B. bei vielen Mucoraceen, Aspergillaceen, Hymenomyceten aus Kohlenhydraten, Fettsäuren, Pepton und häuft sich bei alkalischer Reaktion an. Bei Gegenwart von Ca-Salzen wird Ca-oxalat gefällt, besonders reichlich von *Pen. oxalicum*. Aus Hexosen entsteht Oxalsäure wahrscheinlich nach Spaltung in eine C_4- und eine C_2-Kette über Oxalessigsäure und Essigsäure. Als Citronensäure-Bildner kommen vor allem *Aspergillus*- und *Penicillium*-Arten in Frage. Mit ausgesuchten Stämmen, besonders von *Asp. niger*, läßt sich eine technische Citronensäuregärung bei niedrigen pH-Werten (etwa pH 2) durchführen. Ausgangssubstanzen sind Kohlenhydrate (Hexosen, Disaccharide) und zahlreiche andere C-Verbindungen. Der Weg zu der verzweigten C_6-Kette der Citronensäure war lange Zeit unklar. Man nimmt jetzt an, daß Citronensäure durch Kondensation einer C_4-Dicarbonsäure mit einer C_2-Monocarbonsäure durch Vermittlung eines besonderen Enzyms („Citrogenase“) entsteht. Citronensäure tritt auch im letzten

Abschnitt der Veratmung von Kohlenhydraten, im Tricarbonsäurecyklus nach KREBS (Citronensäurecyklus) auf, der bei höheren Pflanzen und bei Tieren verbreitet ist, bei Pilzen und Bakterien jedoch seltener zu sein scheint oder nur in Teilabschnitten vorkommt. Mit dem Tricarbonsäurecyklus scheint auch die Entstehung und Anhäufung von Citronensäure aus Acetyl-CoA und Oxalessigsäure bei der Citronensäuregärung in Zusammenhang zu stehen.

e) Abbau von Polysacchariden

Die Zersetzung der Cellulose, die sich in abgestorbenen Pflanzenteilen alljährlich in großen Mengen im Boden und am Grund von Gewässern anhäuft, kann aerob und anaerob durch Eubakterien, Myxobakterien, Actinomyceten, zahlreiche Pilze, Protozoen durchgeführt werden. Über den Verlauf des Abbaus und über die beteiligten Enzyme (Cellulasen oder Cytasen) ist wenig bekannt. Als Abbauprodukte werden reduzierende Zucker (Cellobiose, Glucose), organische Säuren (Essigsäure, Milchsäure usw.), Aethylalkohol, CO_2 und H_2 genannt. Dagegen scheint die Entstehung von Methan durch begleitende Bakterien zu erfolgen, die Cellulose nicht angreifen können.

Am aeroben Abbau sind holzzerstörende Pilze (Hymenomyceten), ferner Ascomyceten (*Chaetomium*) und zahlreiche Fungi imperfecti (*Stachybotrys*, *Myrothecium*) beteiligt, unter den Bakterien sind es vor allem *Cellulomonas*-, *Cellvibrio*- und *Cellfalcicula*-Arten. Eine wichtige Rolle spielen ferner *Cytophaga*- und *Sporocytophaga*-Arten sowie einige andere Myxobakterien. Auch einzelne *Streptomyces*-Arten greifen Cellulose an. Der anaerobe Abbau erfolgt z. B. durch einige *Clostridium*-Arten. Im Darm von pflanzenfressenden Tieren ist die Verwertung von Cellulose an die Anwesenheit bestimmter Bakterien gebunden, darunter besonders nicht-sporenbildende Arten. Hemicellulosen sind leichter angreifbar als Cellulosen; am Abbau sind die gleichen Gruppen von Mikroorganismen beteiligt. Pektin, der Bestandteil der Mittellamelle pflanzlicher Gewebe, ist ein aus methylierten d-Galakturonsäuren aufgebautes Polyuronid. Der Abbau erfolgt durch Enterobacteriaceen und ihnen nahe stehende Formen, ferner durch Clostridien, *Bac. macerans*. Zahlreiche pflanzenpathogene oder saprophytisch auf krautigen Pflanzenteilen lebende Bakterien und Pilze sind ebenfalls beteiligt und bewirken die Mazeration der Gewebe. *Erwinia carotovora*, die eine Weichfäule bei Karotten, Kürbis usw. erzeugt, ist ein Vertreter dieser Gruppe. Unter den Pilzen kommen Arten der Gattungen *Rhizopus*, *Sclerotinia*, *Fusarium* u. a. in Frage. Bei der Freilegung der Sklerenchymfaserbündel von Flachs und Hanf beim Röstprozeß sind *Clostridium*-Arten (anaerob verlaufende Wasserröste) und Pilze wie *Cladosporium herbarum*, ferner *Bacillus*-Arten (aerob verlaufende Tauröste) beteiligt. Auch hier liegt der Auflösung des die Faserbündel umgebenden Gewebeverbandes eine Zerstörung der Pektinlamellen zugrunde. Der biochemische Abbau der Pektine ist ein komplizierter Vorgang, der mindestens drei Stufen durchläuft, ehe die Galakturonsäure-Moleküle frei werden.

Chitin wird von zahlreichen in Süßwasser, Meerwasser und im Boden vorkommenden Bakterien angegriffen, ein Teil von ihnen (gram-negative Stäbchen mit peritrichen Geißeln, ohne Sporen) wird jetzt in der Gattung *Beneckea* zusammengefaßt. Beteiligt sind ferner einzelne Pilze (Mucoraceen) und Actinomyceten aus der Gattung *Streptomyces*.

Agar-Agar wird besonders von marinen Bakterien (darunter die Gattung *Agarbacterium* und einige *Vibrio*-Arten) und von marinen *Cytophaga*-Arten unter Erweichung des Agargels abgebaut.

Der Abbau der Stärke verläuft zunächst über Dextrine zu Maltose und Glucose. Kräftige Amylase-Bildner finden sich unter den aeroben und anaeroben Sporenbildnern. Im weiteren Verlauf des Abbaus bestehen Beziehungen zur Buttersäure- und Ameisensäuregärung. *Aspergillus*-Arten aus der *flavus-oryzae*-Gruppe, desgleichen einige *Mucor*- und *Rhizopus*-Arten bewirken eine kräftige Stärkeverzuckerung und werden zur Herstellung von Diastasepräparaten benutzt. Auch Bakterien-Amylasen (*Bac. subtilis*, *macerans*) finden technische Verwendung.

f) Methan- und Wasserstoffgärung

Beide Gase sind Endprodukte im Stoffwechsel vieler Bakterien bei anaerobem Abbau von Fettsäuren und Alkoholen und können selbst wieder durch andere Bakterien oxydiert werden (vgl. S. 100, 101).

Die Entstehung von Wasserstoffgas beim Abbau der Ameisensäure ist bereits erwähnt worden (vgl. S. 126). Methanbildner der Gattungen *Methanococcus*, *Methanosarcina*, *Methanobacterium* kommen im Boden, in Schlammablagerungen der Gewässer vor, ferner in den Schlammabsätzen der Anlagen für biologische Abwasserreinigung. In der Mehrzahl der Fälle entsteht CH_4 durch Reduktion von CO_2 mit einer organischen Säure oder einem Alkohol als H-Donator. Bei der Entstehung aus Essigsäure wird jedoch die CH_3-Gruppe als CH_4 frei:

$$CO_2 + 4\,H_2 = CH_4 + 2\,H_2O$$

$$2\,C_2H_5OH + \dot{C}O_2 = 2\,CH_3COOH + \dot{C}H_4$$

$$\dot{C}H_3COOH = \dot{C}H_4 + CO_2.$$

g) Eiweißabbau

Proteine und Proteide können im Betriebsstoffwechsel als C- oder N-Quelle oder als beides zugleich verwandt werden und unterliegen dem aeroben oder anaeroben Abbau. Auch die Verwertung im Baustoffwechsel ist mit einem vorhergehenden teilweisen Abbau verbunden.

Der Abbau wird eingeleitet durch hydrolytische Prozesse, die bei den Proteinen über Peptide verschiedener Molekulargewichte zu Aminosäuren führen und bei Proteiden mit der Abspaltung der Protein-Komponente beginnen.

Der Angriff auf Proteine, die im Nährsubstrat enthalten sind, setzt voraus, daß Proteinasen, von denen unveränderte, genuine Proteine angegriffen werden, als Ektoenzyme von der Zelle ausgeschieden werden. Sie werden in der mikrobiologischen Technik z. B. durch Gelatineverflüssigung oder durch Aufhellung eines Casein-haltigen Nährbodens nachgewiesen. Unter den Eubakterien sind hierzu z. B. viele *Clostri-*

dium-Arten, *Bac. subtilis*, *Proteus vulgaris*, *Ps. fluorescens* und andere *Pseudomonas*-Arten befähigt, unter den Actinomyceten z. B. viele *Streptomyces*-Arten. Von Pilzen sollen die auf Fischmuskulatur parasitierenden *Saprolegnia*-Arten erwähnt werden. Keratine, die Proteine der Epidermis, der Haare, Nägel, Horngebilde und Federn werden von menschenpathogenen Hautpilzen (*Achorium*, *Microsporum* usw.) und von einigen saprophytischen Pilzen (*Gymnoascus*, *Ctenomyces* auf Federn) angegriffen. Arten, die keine Proteinasen an das Substrat abgeben, können sich an der Verwertung von Eiweißkörpern erst dann beteiligen, wenn von anderen Mikroben Spaltungsprodukte freigemacht worden sind, die weiter abgebaut oder von der Zelle aufgenommen werden können.

Die Art der beteiligten Mikroben, das Fehlen oder Vorhandensein einer besonderen C-Quelle, Reaktion und Redoxpotential des Mediums beeinflussen den Verlauf des Abbaus. Bis zu den Aminosäuren wird der Abbau durch Proteinasen und Peptidasen bewirkt. Der desmolytische Abbau der Aminosäuren wird durch zwei Grundprozesse, Decarboxylierung und Desaminierung, eingeleitet und verläuft in zahlreichen Modifikationen, an die sich weitere Veränderungen der Endprodukte anschließen. Ein Teil des Aminosäure-N wird assimiliert. Aminosäuren werden in manchen Fällen als einzige C- und N-Quelle und als Energiequelle verwandt; so wächst z. B. *Leptomitus lacteus* mit Alanin als einziger organischer Verbindung. Glykokoll (Glycin) reicht bei einigen Bakterien, Pilzen und Algen (z. B. *Peptococcus glycinophilus*, *Chlorella protothecoides*) aus. Ein Überschuß an Stickstoff wird als NH_3 ausgeschieden.

Decarboxylierung. Bei saurer Reaktion entstehen Amine nach folgender Gleichung

$$R \cdot CH(NH_2) \cdot COOH \rightarrow R \cdot CH_2(NH_2) + CO_2 .$$

Die beteiligten Aminosäure-Decarboxylasen greifen nur l-Aminosäuren an, als Coenzym ist Pyridoxal-5-phosphat an die verschiedenen Trägerproteine gebunden. *Asp. niger* bildet z. B. auf einem Sojabohnen-Substrat Putrescin und Cadaverin aus Ornithin und Lysin, der Mutterkornpilz *Claviceps purpurea* Tyramin aus Tyrosin, Histamin aus Histidin, Tryptamin aus Tryptophan, Phenylaethylamin aus Phenylalanin, *Rhizobium leguminosarum* β-Alanin aus Asparaginsäure. In verschmutzten Wunden, die von *Clostridium*-Arten, z. B. von *Clostr. welchii* infiziert worden sind (Gasbrand), entsteht Histamin bei der Proteolyse der Muskulatur. Fäulnisbakterien führen zahlreiche entsprechende Reaktionen aus. Die bei der Fäulnis entstandenen Amine sowie viele andere Amine werden bei alkalischer Reaktion aerob durch Bakterien, die im Wasser und im Boden vorkommen, als C- und N-Quelle verwertet; beteiligt sind einige *Mycobacterium*- und *Pseudomonas*-Arten und die Gattung *Protaminobacter*.

Desaminierung. Im oxydativen Abbau erfolgt durch Desaminasen (Aminosäure-Oxydasen) eine Dehydrierung, die über die Iminosäure zur Ketosäure führt:

$$R\cdot CH(NH_2)\cdot COOH \xrightarrow[+\,{}^1/_2\,O_2]{} R\cdot C = NH\cdot COOH \xrightarrow[+\,H_2O]{} R\cdot CO\cdot COOH + NH_3$$

Zahlreiche Pilze und Bakterien führen diese Reaktion durch, z. B. *Esch. coli*, *Proteus vulgaris*, *Bac. mycoides*, *Fusarium lini*, *Asp. oryzae*, *Saccharomyces*-Arten. Die Ketosäuren werden meist sofort auf verschiedenen Wegen weiterverarbeitet:

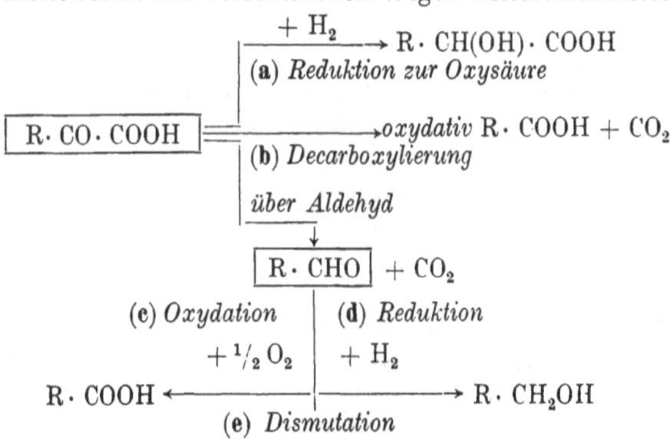

(e) *Dismutation*

$$\downarrow + H_2O$$
$$R \cdot COOH$$
$$+ R \cdot CH_2OH$$

Nach (a) baut *Oidium lactis* Tyrosin zu p-Oxyphenylmilchsäure und Tryptophan zu β-Indolylmilchsäure ab. Nach (b) bildet der Maisbrand *Ustilago zeae* aus Tryptophan Indolylessigsäure, die für höhere Pflanzen ein Wuchsstoff ist. Nach (c) entsteht z. B. Essigsäure aus Acetaldehyd. Nach (d) verläuft die Bildung höherer Gärungsalkohole (Fuselöle) durch Hefen, z. B. von Isoamylalkohol aus Leucin. Ihre Entstehung ist also nicht mit der alkoholischen Gärung unmittelbar verbunden, es besteht vielmehr eine Beziehung zum Proteingehalt der Maische. Ester der höheren Gärungsalkohole tragen zur Aromabildung in Bier und Wein bei. Bei der Dismutation (e) läuft eine Oxydoreduktion zwischen 2 Molekülen Aldehyd ab (vgl. S. 120).

Weitere Möglichkeiten bestehen darin, daß die Desaminierung zu gesättigten (f) oder ungesättigten (g) Fettsäuren führt oder daß aus Säureamiden die NH_2-Gruppe abgespalten wird (h):

(f) Alanin → Propionsäure (*Clostridium*)

(g) Asparaginsäure → Fumarsäure (*Esch. coli*, *Ps. fluorescens*)

(h) Glutamin → Glutaminsäure (*Clostridium*).

Die reduktive Desaminierung, bei der gesättigte Fettsäuren entstehen, kann auch in der Weise verlaufen, daß der erforderliche Wasserstoff aus der Dehydrierung einer anderen Aminosäure stammt: Clostridien setzen 1 Molekül Alanin unter Desaminierung und Decarboxylierung zu Essigsäure um und reduzieren 2 Moleküle Glykokoll zu Essigsäure (STICKLAND-Reaktion):

$$CH_3 \cdot CH(NH_2) \cdot COOH + 2\,H_2O \rightarrow CH_3 \cdot COOH + NH_3 + CO_2 + 4\,H$$

$$2\,CH_2(NH_2) \cdot COOH + 4\,H \rightarrow 2\,CH_3COOH + 2\,NH_3$$

Auch Amine, die nicht zu Aminosäuren in Beziehung stehen, werden über eine Desaminierung verarbeitet. Das wichtigste Beispiel betrifft Harnstoff, der durch zahlreiche im Boden und im Schlamm vorkommende Bakterien zu NH_3 und CO_2 abgebaut wird:

$$CO(NH_2)_2 + 2\,H_2O \rightarrow (NH_4)_2CO_3 \rightarrow 2\,NH_3 + CO_2 + H_2O\,.$$

Beteiligt sind z. B. *Bacillus*-Arten (*Urobacillus*), eine sporenbildende, bewegliche *Sarcina* (*Sporosarcina ureae*), *Micrococcus*-Arten. Das Enzym Urease enthält als wirksamen Bestandteil SH-Gruppen (Sulfhydryl-Gruppen).

Transaminierung. Die oxydative Desaminierung kann mit der Übertragung der NH_2-Gruppe auf eine Ketosäure verbunden sein, so daß eine neue Aminosäure entsteht:

$$\underset{\text{Alanin}}{CH_3\cdot CH(NH_2)\cdot COOH} + \underset{\alpha\text{-Ketoglutarsäure}}{COOH\cdot CH_2\cdot CH_2\cdot CO\cdot COOH} \rightarrow$$

$$\rightarrow \underset{\text{Brenztraubensäure}}{CH_3\cdot CO\cdot COOH} + \underset{\text{Glutaminsäure}}{COOH\cdot CH_2\cdot CH_2\cdot CH(NH_2)\cdot COOH}\,.$$

Der Vorgang ist bei Mikroorganismen weit verbreitet. Zahlreiche Aminosäuren können als NH_2-Donatoren dienen; als Akzeptoren kommen z. B. in Frage Brenztraubensäure, α-Ketoglutarsäure, Oxalessigsäure. Die Transaminasen führen wie die Aminosäure-Decarboxylasen Pyridoxalphosphat als prosthetische Gruppe.

Schwefelhaltige Aminosäuren. Der Schwefelwasserstoff der Eiweißfäulnis und das ebenfalls bei Fäulnisvorgängen auftretende Methylmerkaptan ($CH_3\cdot SH$) stammen aus S-haltigen Aminosäuren, von denen Cystin, Cystein und Methionin die wichtigsten sind.

$$\begin{array}{l} S\cdot CH_2\cdot CH(NH_2)\cdot COOH \\ | \\ S\cdot CH_2\cdot CH(NH_2)\cdot COOH \\ \quad\text{Cystin} \end{array} \qquad \begin{array}{l} CH_2(SH)\cdot CH(NH_2)\cdot COOH \\ \quad\quad\text{Cystein} \\ CH_3\cdot S\cdot CH_2\cdot CH(NH_2)\cdot COOH \\ \quad\quad\text{Methionin} \end{array}$$

Aromatische Aminosäuren. Phenylalanin, Tyrosin, Tryptophan, Histidin enthalten Alanin als Seitenkette an einem Phenolring bzw. an einem heterocyclischen Ring. Bei Prolin und Oxyprolin liegt eine NH-Gruppe im Pyrrolidinring.

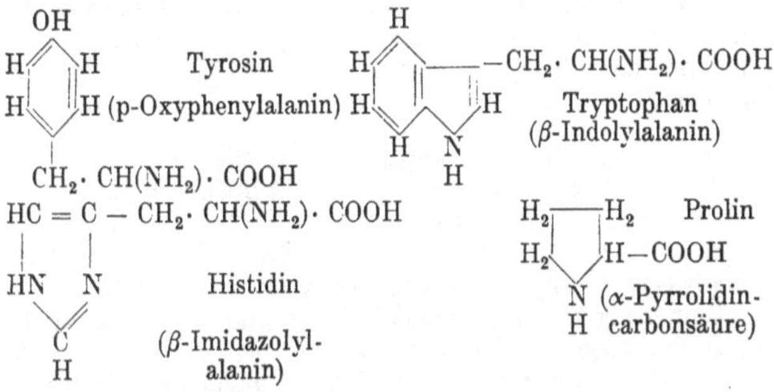

Tyrosin (p-Oxyphenylalanin)

Tryptophan (β-Indolylalanin)

Histidin (β-Imidazolylalanin)

Prolin (α-Pyrrolidincarbonsäure)

Prolin wird unter Ringöffnung reduziert (NH zu NH_2) mit Alanin oder Cystein als H-Donatoren; es entsteht δ-Aminovaleriansäure. Indol entsteht aus Tryptophan, nicht durch stufenweisen Abbau der Seitenkette, vielmehr wird die Seitenkette als ganzes unter gleichzeitiger Desaminierung abgetrennt unter Mitwirkung des Enzyms Tryptophanase mit Pyridoxalphosphat als prosthetischer Gruppe:

$$\text{Tryptophan} \rightarrow \text{Indol} + \text{Brenztraubensäure} + NH_3.$$

Auf die gleiche Weise wird wahrscheinlich Phenol aus Tyrosin frei. In beiden Fällen kann der Abbau jedoch auch auf anderen Wegen vor sich gehen. Die Indolbildung hat ebenso wie die H_2S-Bildung aus S-haltigen Aminosäuren diagnostische Bedeutung; H_2S-positiv ist z. B. *Proteus vulgaris*, Indol-positiv sind *Esch. coli* und ebenfalls *Proteus vulgaris*.

h) Abbau von Fetten

Nach Spaltung der Glycerin-Fettsäure-Ester durch Lipase werden sowohl Glycerin wie die frei werdenden höheren Fettsäuren weiter verarbeitet. Lipasen sind bei Mikroorganismen weit verbreitet. Arten der Gattungen *Pseudomonas*, *Achromo-*

bacter, *Clostridium*, *Penicillium* und *Aspergillus*, ferner *Oidium lactis* sind bekannte Fettzersetzer. Das frei werdende Glycerin wird als C-Quelle rasch verbraucht. So wird z. B. das Wachstum menschenpathogener Stämme von *Mycobact. tuberculosis* durch Glycerin sehr gefördert. Die freien Fettsäuren sind schwerer angreifbar, sie häufen sich zunächst an. Auf fetthaltigen Lebensmitteln bewirken sie das Ranzigwerden.

Der Abbau erfolgt vorwiegend aerob oder in Verbindung mit Denitrifikation oder Desulfurikation bis zu CO_2 und H_2O, soweit nicht Zwischenprodukte als C-Quellen assimiliert werden. Die Oxydation setzt am β-C-Atom ein und schreitet stufenweise unter Verkürzung der Kette um jeweils C_2 fort. Der Abbau verläuft in diesem Fall also umgekehrt wie die stufenweise Synthese der C-Ketten gradzahliger Fettsäuren (vgl. S. 107). Bei den abgegebenen C_2-Verbindungen handelt es sich um aktivierte Essigsäure (Acetyl-*CoA*), die in einem Dicarbonsäurecyclus der Endoxydation unterliegt oder in anderer Weise im Stoffwechsel Verwendung findet (vgl. S. 73, 123). Ein Seitenweg führt unter Decarboxylierung zu Methylketonen, z. B. Methylamylketon aus Caprylsäure (C_8), die von *Penicillium*-Arten bei der Reifung einiger Käsesorten (Gorgonzola, Roquefort, Parmesankäse usw.) gebildet werden und zum Aroma beitragen.

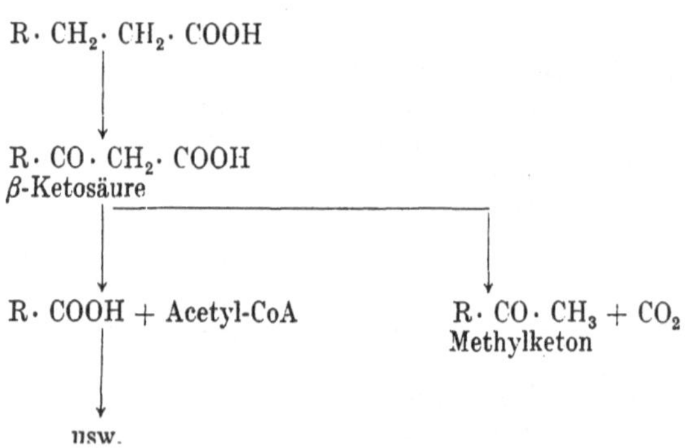

i) Abbau von cyclischen Verbindungen

Besondere Beachtung verdienen die in Nucleinsäuren enthaltenen Purin- und Pyrimidinbasen, deren Abbau auch bei Mikroorganismen über Harnstoff verläuft, bisher jedoch nur bei Purinkörpern untersucht worden ist. Harnsäure, das Endprodukt des Purinstoffwechsels beim Menschen, wird aerob durch *Bacillus-*, *Pseudomonas*-Arten und Pilze, anaerob durch *Clostridium* abgebaut, wahrscheinlich über Allantoin zu Harnstoff und Glyoxylsäure, die weiter verarbeitet werden.

Der anaerobe Abbau durch *Clostr. acidi-urici*, das Harnsäure als C- und N-Quelle verwertet, führt schließlich zu NH_3, CO_2 und Essigsäure. *Streptoc. allantoicus* aus der Gruppe der heterofermentativen Milchsäurebakterien vergärt Allantoin zu NH_3, Harnstoff und einem Gemisch organischer Säuren.

Aromatische und hydroaromatische Verbindungen werden von vielen Pilzen (z. B. *Aspergillus*-Arten, Pseudosaccharomyceten), von Arten der Gattungen *Pseudomonas*, *Vibrio*, *Acetobacter*, *Azotobacter*, *Nocardia* auf verschiedenen Wegen unter Ringsprengung in den Stoffwechsel einbezogen (Tab. 4).

Tab. 4. Einige Beispiele für den Verlauf des Abbaues cyclischer Verbindungen durch Mikroorganismen (nach THIMANN)

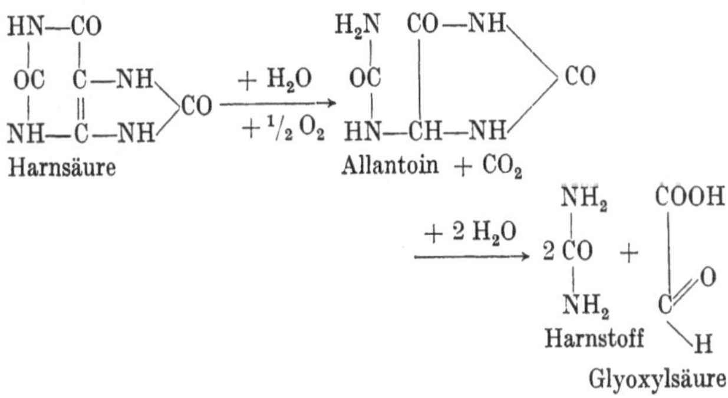

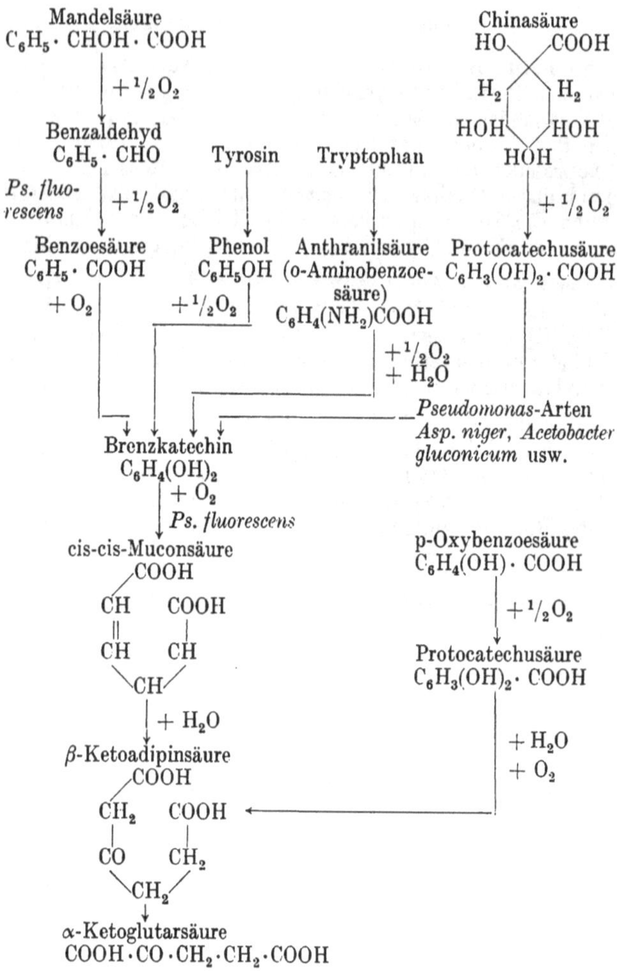
Mandelsäure
C6H5 · CHOH · COOH
+ 1/2 O2
Benzaldehyd
C6H5 · CHO
Ps. fluorescens
+ 1/2 O2
Benzoesäure
C6H5 · COOH
+ O2
Tyrosin
Phenol
C6H5OH
+ 1/2 O2
Tryptophan
Anthranilsäure
(o-Aminobenzoesäure)
C6H4(NH2)COOH
+ 1/2 O2
+ H2O
Chinasäure
HO COOH
H2 H2
HOH HOH
HOH
+ 1/2 O2
Protocatechusäure
C6H3(OH)2 · COOH
Pseudomonas-Arten
Asp. niger, Acetobacter gluconicum usw.
Brenzkatechin
C6H4(OH)2
+ O2
Ps. fluorescens
cis-cis-Muconsäure
COOH
CH COOH
CH CH
CH
+ H2O
β-Ketoadipinsäure
COOH
CH2 COOH
CO CH2
CH2
α-Ketoglutarsäure
COOH · CO · CH2 · CH2 · COOH
p-Oxybenzoesäure
C6H4(OH) · COOH
+ 1/2 O2
Protocatechusäure
C6H3(OH)2 · COOH
+ H2O
+ O2

Ungeklärt ist der Abbau des Lignins, das in verholzten Zellwänden höherer Pflanzen weit verbreitet ist. Ligninähnliche Substanzen kommen auch in „holzigen" Fruchtkörpern von Hymenomyceten vor (*Polyporus*, *Trametes*). Zur Humusbildung bestehen Beziehungen. Im Boden und in den Sedimenten der Seen reichert sich Lignin zunächst an, da es wesentlich schwerer angreifbar ist als Cellulose. Unter den holzzerstörenden Hymenomyceten gibt es Spezialisten, die Lignin angreifen. Daß Bakterien und Actinomyceten (*Pseudomonas*, *Micromonospora*) genuines Lignin angreifen, ist mehrfach nachgewiesen worden, wird jedoch von anderen bestritten.

Register der Arten und Gattungen

(Ein Stern hinter einer Seitenzahl verweist auf eine Abbildung)

Sachregister

(Ein Stern hinter einer Seitenzahl verweist auf eine Abbildung)

GESAMTVERZEICHNIS

der

SAMMLUNG GÖSCHEN

Jeder Band DM 3,60 · Doppelband DM 5,80

Februar 1962

WALTER DE GRUYTER & CO., BERLIN W 30

Inhaltsübersicht

Geisteswissenschaften

Philosophie

Einführung in die Philosophie von *H. Leisegang †*. 4. Auflage. 145 Seiten. 1960. (281)

Hauptprobleme der Philosophie von *G. Simmel †*. 7., unveränderte Auflage. 177 Seiten. 1950. (500)

Geschichte der Philosophie

I: Die griechische Philosophie von *W. Capelle*. 1. Teil. Von Thales bis Leukippos. 2., erweiterte Auflage. 135 Seiten. 1953. (857)

II: Die griechische Philosophie von *W. Capelle*. 2. Teil. Von der Sophistik bis zum Tode Platons. 2., stark erweiterte Auflage. 144 Seiten. 1953. (858)

III: Die griechische Philosophie von *W. Capelle*. 3. Teil. Vom Tode Platons bis zur Alten Stoa. 2., stark erweiterte Auflage. 132 Seiten. 1954. (859)

IV: Die griechische Philosophie von *W. Capelle*. 4. Teil. Von der Alten Stoa bis zum Eklektizismus im 1. Jh. v. Chr. 2., stark erweiterte Auflage. 132 Seiten. 1954. (863)

V: Die Philosophie des Mittelalters von *J. Koch*. In Vorbereitung. (826)

VI: Von der Renaissance bis Kant von *K. Schilling*. 234 Seiten. 1954. (394/394 a)

VII: Immanuel Kant von *G. Lehmann*. In Vorbereitung. (536)

VIII: Die Philosophie des 19. Jahrhunderts von *G. Lehmann*. 1. Teil. 151 Seiten. 1953. (571)

IX: Die Philosophie des 19. Jahrhunderts von *G. Lehmann*. 2. Teil. 168 Seiten. 1953. (709)

X: Die Philosophie im ersten Drittel des 20. Jahrhunderts 1. Teil von *G. Lehmann*. 128 Seiten. 1957. (845)

XI: Die Philosophie im ersten Drittel des 20. Jahrhunderts 2. Teil von *G. Lehmann*. 114 Seiten. 1960. (850)

Die geistige Situation der Zeit (1931) von *K. Jaspers*. 5., unveränderter Abdruck der im Sommer 1932 bearbeiteten 5. Auflage. 211 Seiten. 1960. (1000)

Erkenntnistheorie von *G. Kropp*.
I. Teil: Allgemeine Grundlegung. 143 Seiten. 1950. (807)

Formale Logik von *P. Lorenzen*. 2. Auflage. 165 Seiten. 1962. In Vorbereitung. (1176/1176 a)

Philosophisches Wörterbuch von *M. Apel †*. 5., völlig neubearbeitete Auflage von *P. Ludz*. 315 Seiten. 1958. (1031/1031 a)

Philosophische Anthropologie. Menschliche Selbstdeutung in Geschichte und Gegenwart von *M. Landmann*. 266 Seiten. 1955. (156/156 a)

Pädagogik, Psychologie, Soziologie

Geschichte der Pädagogik von *Herm. Weimer*. 15., neubearbeitete und vermehrte Auflage von *Heinz Weimer*. 181 Seiten. 1962. (145)

Therapeutische Psychologie. Ihr Weg durch die Psychoanalyse von *W. M. Kranefeldt*. Mit einer Einführung von *C. G. Jung*. 3. Auflage. 152 Seiten. 1956. (1034)

Allgemeine Psychologie von *Th. Erismann.* 3 Bände. 2., neubearbeitete Anflage.
I: Grundprobleme. 146 Seiten. 1958. (831)
II: Grundarten des physischen Geschehens. 248 Seiten. 1959. (832/832a)
III: Psychologie der Persönlichkeit. Etwa 306 Seiten, 26 Abbildungen. 1962. (833/833a)

Soziologie. Geschichte und Hauptprobleme von *L. von Wiese.* 6. Auflage. 175 Seiten. 1960. (101)

Ideengeschichte der sozialen Bewegung des 19. und 20. Jh. von *W. Hofmann.* 1962. In Vorbereitung. (1205)

Sozialpsychologie von *P. R. Hofstätter.* 181 Seiten, 15 Abbildungen, 22 Tabellen. 1956. (104/104a)

Psychologie des Berufs- und Wirtschaftslebens von *W. Moede †.* 190 Seiten, 48 Abbildungen. 1958. (851/851a)

Industrie- und Betriebssoziologie von *R. Dahrendorf.* 2. Auflage. 136 Seiten, 3 Figuren. 1962. (103)

Religion

Jesus von *M. Dibelius †.* 3. Auflage, mit einem Nachtrag von *W. G. Kümmel.* 140 Seiten. 1960. (1130)

Paulus von *M. Dibelius †.* Nach dem Tode des Verfassers herausgegeben und zu Ende geführt von *W. G. Kümmel.* 2., durchgesehene Auflage. 155 Seiten. 1956. (1160)

Luther von *F. Lau.* 151 Seiten. 1959. (1187)

Melanchthon von *R. Stupperich.* 139 Seiten. 1960. (1190)

Einführung in die Konfessionskunde der orthodoxen Kirchen von *K. Onasch.* 291 Seiten. 1962. (1197/1197a)

Geschichte des christlichen Gottesdienstes von *W. Nagel.* In Vorbereitung. (1202)

Geschichte Israels. Von den Anfängen bis zur Zerstörung des Tempels (70 n. Chr.) von *E. L. Ehrlich.* 158 Seiten, 1 Tafel. 1958. (231/231a)

Römische Religionsgeschichte von *F. Altheim.* 2 Bände. 2., umgearbeitete Auflage.
I: Grundlagen und Grundbegriffe. 116 Seiten. 1956. (1035)
II: Der geschichtliche Ablauf. 164 Seiten. 1956. (1052)

Musik

Musikästhetik von *H. J. Moser.* 180 Seiten. Mit zahlreichen Notenbeispielen. 1953. (344)

Systematische Modulation von *R. Hernried.* 2. Auflage. 136 Seiten. Mit zahlreichen Notenbeispielen. 1950. (1094)

Der polyphone Satz von *E. Pepping.* 2 Bände.
I: Der cantus-firmus-Satz. 2. Auflage. 223 Seiten. Mit zahlreichen Notenbeispielen. 1950. (1148)
II: Übungen im doppelten Kontrapunkt und im Kanon. 137 Seiten. Mit zahlreichen Notenbeispielen. 1957. (1164/1164a)

Allgemeine Musiklehre von *H. J. Moser.* 2., durchgesehene Auflage. 155 Seiten. Mit zahlreichen Notenbeispielen. 1955. (220/220a)

Harmonielehre von *H. J. Moser.* 2 Bände.
I: 109 Seiten. Mit 120 Notenbeispielen. 1954. (809)

Die Musik des 19. Jahrhunderts von *W. Oehlmann.* 180 Seiten. 1953. (170)

Die Musik des 20. Jahrhunderts von *W. Oehlmann.* 312 Seiten. 1961. (171/171a)

Technik der deutschen Gesangskunst von *H. J. Moser*. 3., durchgesehene und verbesserte Auflage. 144 Seiten, 5 Figuren sowie Tabellen und Notenbeispiele. 1954. (576/576a)

Die Kunst des Dirigierens von *H. W. von Waltershausen †*. 2., vermehrte Auflage. 138 Seiten. Mit 19 Notenbeispielen. 1954. (1147)

Die Technik des Klavierspiels aus dem Geiste des musikalischen Kunstwerkes von *K. Schubert †*. 3. Auflage. 110 Seiten. Mit Notenbeispielen. 1954. (1045)

Kunst

Stilkunde von *H. Weigert*. 2 Bände. 3., durchgesehene und ergänzte Auflage.
I: Vorzeit, Antike, Mittelalter. 136 Seiten, 94 Abbildungen. 1958. (80)
II: Spätmittelalter und Neuzeit. 150 Seiten, 88 Abbildungen. 1958. (781)

Archäologie von *A. Rumpf*. 2 Bände.
I: Einleitung, historischer Überblick. 143 Seiten, 6 Abbildungen. 12 Tafeln. 1953. (538)
II: Die Archäologensprache. Die antiken Reproduktionen. 136 Seiten. 7 Abbildungen, 12 Tafeln. 1956. (539)

Geschichte

Einführung in die Geschichtswissenschaft von *P. Kirn*. 3., durchgesehene Auflage. 128 Seiten. 1959. (270)

Einführung in die Zeitgeschichte von *B. Scheurig*. 1962. In Vorbereitung. (1204)

Zeitrechnung der römischen Kaiserzeit, des Mittelalters und der Neuzeit für die Jahre 1—2000 n. Chr. von *H. Lietzmann †*. 3. Auflage, durchgesehen von *K. Aland*. 130 Seiten. 1956. (1085)

Kultur der Urzeit von *F. Behn*. 3 Bände. 4. Auflage der Kultur der Urzeit Bd. 1—3 von *M. Hoernes*.
I: Die vormetallischen Kulturen. (Die Steinzeiten Europas. Gleichartige Kulturen in anderen Erdteilen.) 172 Seiten, 48 Abbildungen. 1950. (564)
II: Die älteren Metallkulturen. (Der Beginn der Metallbenutzung. Kupfer- und Bronzezeit in Europa, im Orient und in Amerika.) 160 Seiten, 67 Abbildungen. 1950. (565)
III: Die jüngeren Metallkulturen. (Das Eisen als Kulturmetall, Hallstatt-Latène-Kultur in Europa. Das erste Auftreten des Eisens in den anderen Weltteilen.) 149 Seiten, 60 Abbildungen. 1950. (566)

Vorgeschichte Europas von *F. Behn*. Völlig neue Bearbeitung der 7. Auflage der „Urgeschichte der Menschheit" von *M. Hoernes*. 125 Seiten, 47 Abbildungen. 1949. (42)

Der Eintritt der Germanen in die Geschichte von *J. Haller †*. 3. Auflage, durchgesehen von *H. Dannenbauer*. 120 Seiten, 6 Kartenskizzen. 1957. (1117)

Von den Karolingern zu den Staufern. Die altdeutsche Kaiserzeit (900—1250) von *J. Haller †*. 4., durchgesehene Auflage von *H. Dannenbauer*. 142 Seiten, 4 Karten. 1958. (1065)

Von den Staufern zu den Habsburgern. Auflösung des Reichs und Emporkommen der Landesstaaten (1250—1519) von *J. Haller †*. 2., durchgesehene Auflage von *H. Dannenbauer*. 118 Seiten, 6 Kartenskizzen. 1960. (1077)

Deutsche Geschichte im Zeitalter der Reformation, der Gegenreformation und des dreißigjährigen Krieges von *F. Hartung*. 129 Seiten. 1951. (1105)

Deutsche Geschichte von 1648 – 1740. Politischer und geistiger Wiederaufbau von *W. Treue*. 120 Seiten. 1956. (35)

Deutsche Geschichte von 1713 - 1806. Von der Schaffung des europäischen Gleichgewichts bis zu Napoleons Herrschaft von *W. Treue.* 168 Seiten. 1957. (3[illegible])

Deutsche Geschichte von 1806 – 1890. Vom Ende des alten bis zur Höhe des neuen Reiches von *W. Treue.* 128 Seiten. 1961. (893)

Deutsche Geschichte von 1890 bis zur Gegenwart von *W. Treue.* In Vorbereitung. (894)

Quellenkunde der Deutschen Geschichte im Mittelalter (bis zur Mitte des 15. Jahrhunderts) von *K. Jacob †.* 3 Bände.

I: Einleitung. Allgemeiner Teil. Die Zeit der Karolinger. 6. Auflage, bearbeitet von *H. Hohenleutner.* 127 Seiten. 1959. (279)

II: Die Kaiserzeit (911—1250). 5. Auflage, neubearbeitet von *H. Hohenleutner.* 141 Seiten. 1961. (280)

III: Das Spätmittelalter (vom Interregnum bis 1500). Herausgegeben von *F. Weden.* 152 Seiten. 1952. (284)

Geschichte Englands von *H. Preller.* 2 Bände.

I: bis 1815. 3., stark umgearbeitete Auflage. 135 Seiten, 7 Stammtafeln, 2 Karten. 1952. (375)

II: Von 1815 bis 1910. 2., völlig umgearbeitete Auflage. 118 Seiten, 1 Stammtafel, 7 Karten. 1954. (1088)

Römische Geschichte von *F. Altheim.* 4 Bände. 2., verbesserte Auflage.

I: Bis zur Schlacht bei Pydna (168 v. Chr.). 124 Seiten. 1956. (19)

II: Bis zur Schlacht bei Actium (31 v. Chr.). 129 Seiten. 1956. (677)

III: Bis zur Schlacht an der Milvischen Brücke (312 n. Chr.). 148 Seiten. 1958. (679)

IV: Bis zur Schlacht am Yarmuk (636 n. Chr.). In Vorbereitung. (684)

Geschichte der Vereinigten Staaten von Amerika von *O. Graf zu Stolberg-Wernigerode.* 192 Seiten, 10 Karten. 1956. (1051/1051 a)

Deutsche Sprache und Literatur

Geschichte der Deutschen Sprache von *H. Sperber.* 3. Auflage, besorgt von *W. Fleischhauer.* 128 Seiten. 1958. (915)

Deutsches Rechtschreibungswörterbuch von *M. Gottschald †.* 2., verbesserte Auflage. 219 Seiten. 1953. (200/200 a)

Deutsche Wortkunde. Kulturgeschichte des deutschen Wortschatzes von *A. Schirmer.* 4. Auflage von *W. Mitzka.* 123 Seiten. 1960. (929)

Deutsche Sprachlehre von *W. Hofstaetter.* 10. Auflage. Völlige Umarbeitung der 8. Auflage. 150 Seiten. 1960. (20)

Stimmkunde für Beruf, Kunst und Heilzwecke von *H. Biehle.* 111 Seiten. 1955. (60)

Redetechnik. Einführung in die Rhetorik von *H. Biehle.* 2., erweiterte Auflage. 151 Seiten. 1961. (61)

Sprechen und Sprachpflege (Die Kunst des Sprechens) von *H. Feist.* 2., verbesserte Auflage. 99 Seiten, 25 Abbildungen. 1952. (1122)

Deutsches Dichten und Denken von der germanischen bis zur staufischen Zeit von *H. Naumann †.* (Deutsche Literaturgeschichte vom 5.—13. Jahrhundert.) 2., verbesserte Auflage. 166 Seiten. 1952. (1121)

Deutsches Dichten und Denken vom Mittelalter zur Neuzeit von *G. Müller* (1270 bis 1700). 2., durchgesehene Auflage. 159 Seiten. 1949. (1086)

Deutsches Dichten und Denken von der Aufklärung bis zum Realismus (Deutsche Literaturgeschichte von 1700—1890) von *K. Viëtor †*. 3., durchgesehene Auflage. 159 Seiten. 1958. (1096)

Der Nibelunge Nôt in Auswahl mit kurzem Wörterbuch von *K. Langosch*. 10., durchgesehene Auflage. 164 Seiten. 1956. (1)

Kudrun und Dietrich-Epen in Auswahl mit Wörterbuch von *O. L. Jiriczek*. 6. Auflage, bearbeitet von *R. Wisniewski*. 173 Seiten. 1957. (10)

Wolfram von Eschenbach. Parzival. Eine Auswahl mit Anmerkungen und Wörterbuch von *H. Jantzen*. 2. Auflage, bearbeitet von *H. Kolb*. 128 Seiten. 1957. (921)

Hartmann von Aue. Der arme Heinrich nebst einer Auswahl aus der „Klage", dem „Gregorius" und den Liedern (mit einem Wörterverzeichnis) herausgegeben von *F. Maurer*. 96 Seiten. 1958. (18)

Gottfried von Strassburg in Auswahl herausgegeben von *F. Maurer*. 142 Seiten. 1959. (22)

Die deutschen Personennamen von *M. Gottschald †*. 2., verbesserte Auflage. 151 Seiten. 1955. (422)

Althochdeutsches Elementarbuch. Grammatik und Texte. 3. Auflage von *W. Betz*. 1962. In Vorbereitung. (1111)

Mittelhochdeutsche Grammatik von *H. de Boor* und *R. Wisniewski*. 2., verbesserte und ergänzte Auflage. 142 Seiten. 1960. (1108)

Indogermanisch, Germanisch

Indogermanische Sprachwissenschaft von *H. Krahe*. 2 Bände.
- I: Einleitung und Lautlehre. 4. Auflage. 106 Seiten. 1962. In Vorbereitung. (59)
- II: Formenlehre. 3., neubearbeitete Auflage. 124 Seiten. 1959. (64)

Gotisches Elementarbuch. Grammatik, Texte mit Übersetzung und Erläuterungen. Mit einer Einleitung von *H. Hempel*. 3., umgearbeitete Auflage. 166 Seiten. 1962. (79/79a)

Germanische Sprachwissenschaft von *H. Krahe*. 2 Bände. 4., überarbeitete Auflage.
- I: Einleitung und Lautlehre. 147 Seiten. 1960. (238)
- II: Formenlehre. 149 Seiten. 1961. (780)

Altnordisches Elementarbuch. Schrift, Sprache, Texte mit Übersetzung und Wörterbuch von *F. Ranke*. 2., durchgesehene Auflage. 146 Seiten. 1949. (1115)

Englisch, Romanisch

Altenglisches Elementarbuch von *M. Lehnert*. Einführung, Grammatik, Texte mit Übersetzung und Wörterbuch. 5., verbesserte Auflage. 178 Seiten. 1962. (1125)

Historische neuenglische Laut- und Formenlehre von *E. Ekwall*. 3., durchgesehene Auflage. 150 Seiten. 1956. (735)

Englische Phonetik von *H. Mutschmann †*. 117 Seiten. 1956. (601)

Englische Literaturgeschichte von *F. Schubel*. 4 Bände.
- I: Die alt- und mittelenglische Periode. 163 Seiten. 1954. (1114)
- II: Von der Renaissance bis zur Aufklärung. 160 Seiten. 1956. (1116)
- III: Romantik und Viktorianismus. 160 Seiten. 1960. (1124)

Beowulf von *M. Lehnert*. Eine Auswahl mit Einführung, teilweiser Übersetzung, Anmerkungen und etymologischem Wörterbuch. 3., verbesserte Auflage. 135 Seiten. 1959. (1135)

Shakespeare von *P. Meißner* †. 2. Auflage, neubearbeitet von *M. Lehnert*. 136 Seiten. 1954. (1142)

Italienische Literaturgeschichte von *K. Voßler* †. 5. Auflage, neubearbeitet von *A. Noyer-Weidner*. In Vorbereitung. (125)

Romanische Sprachwissenschaft von *H. Lausberg*. 4 Bände.
I: Einleitung und Vokalismus. 160 Seiten. 1956. (128/128a)
II: Konsonantismus. 95 Seiten. 1956. (250)
III: Formenlehre. In Vorbereitung. (1199/1199a)
IV: Wortlehre. In Vorbereitung. (1200)

Griechisch, Lateinisch

Griechische Sprachwissenschaft von *W. Brandenstein*. 2 Bände.
I: Einleitung, Lautsystem, Etymologie. 160 Seiten. 1954. (117)
II: Wortbildung und Formenlehre. 192 Seiten. 1959. (118/118a)

Geschichte der griechischen Sprache. 2 Bände.
I: Bis zum Ausgang der klassischen Zeit von *O. Hoffmann* †. 3. Auflage, bearbeitet von *A. Debrunner* †. 156 Seiten. 1953. (111)
II: Grundfragen und Grundzüge des nachklassischen Griechisch von *A. Debrunner* †. 144 Seiten. 1954. (114)

Geschichte der griechischen Literatur von *W. Nestle*. 2 Bände. 3. Auflage, bearbeitet von *W. Liebich*.
I: 144 Seiten. 1961. (70) II: In Vorbereitung. (557)

Grammatik der neugriechischen Volkssprache von *J. Kalitsunakis*. 3., völlig neubearbeitete und erweiterte Auflage. 1962. In Vorbereitung. (756/756a)

Neugriechisch-deutsches Gesprächsbuch von *J. Kalitsunakis*. 2. Auflage, bearbeitet von *A. Steinmetz*. 99 Seiten. 1960. (587)

Geschichte der lateinischen Sprache von *F. Stolz*. 4. Auflage von *A. Debrunner* †. In Vorbereitung. (492)

Geschichte der römischen Literatur von *L. Bieler*. 2 Bände.
I: Die Literatur der Republik. 160 Seiten. 1961. (52)
II: Die Literatur der Kaiserzeit. 133 Seiten. 1961. (866)

Hebräisch, Sanskrit, Russisch

Hebräische Grammatik von *G. Beer* †. 2 Bände. 2., völlig neubearbeitete Auflage von *R. Meyer*.
I: Schrift-, Laut- und Formenlehre I. 3. Auflage. 157 Seiten. In Vorbereitung (763/763a)
II: Formenlehre II. Syntax und Flexionstabellen. 195 Seiten. 1955. (764/764a)

Hebräisches Textbuch zu *G. Beer-R. Meyer*, Hebräische Grammatik von *R. Meyer*. 170 Seiten. 1960. (769/769a)

Sanskrit-Grammatik von *M. Mayrhofer*. 89 Seiten. 1953. (1158)

Russische Grammatik von *E. Berneker* †. 6., verbesserte Auflage von *M. Vasmer*. 155 Seiten. 1961. (66)

Slavische Sprachwissenschaft von *H. Bräuer*. 2 Bände.
I: Einleitung, Lautlehre. 221 Seiten. 1961. (1191/1191a)

Erd- und Länderkunde, Kartographie

Afrika von *F. Jaeger*. Ein geographischer Überblick. 2 Bände. 2., umgearbeitete Auflage.
I: Der Lebensraum. 179 Seiten, 18 Abbildungen. 1954. (910)
II: Mensch und Kultur. 155 Seiten, 6 Abbildungen. 1954. (911)
Australien und Ozeanien von *H. J. Krug*. 176 Seiten, 46 Skizzen. 1953. (319)
Kartographie von *V. Heissler*. 125 Abb., mehrere Karten. 1962. In Vorbereitung. (30/30a)

Volkswirtschaft, Statistik, Publizistik

Allgemeine Betriebswirtschaftslehre von *K. Mellerowicz*. 4 Bände. 10., erweiterte und veränderte Auflage. (Bd. I und II: 11., durchgesehene Auflage)
I: 224 Seiten. 1961. (1008/1008a) II: 188 Seiten. 1962. (1153/1153a)
III: 260 Seiten. 1959. (1154/1154a) IV: 209 Seiten. 1959. (1186/1186a)
Diese 4 Bände sind in Ganzleinen gebunden zu je DM 6,30 lieferbar.
Geschichte der Volkswirtschaftslehre von *S. Wendt*. 182 Seiten. 1961. (1194)
Allgemeine Volkswirtschaftslehre von *A. Paulsen*. 4 Bände.
I: Grundlegung, Wirtschaftskreislauf. 3., durchgesehene und ergänzte Auflage. 148 Seiten. 1959. (1169)
II: Haushalte, Unternehmungen, Marktformen. 3., neubearbeitete Auflage. 166 Seiten, 32 Abbildungen. 1960. (1170)
III: Produktionsfaktoren. 2., neubearbeitete und ergänzte Auflage. 200 Seiten. 1961. (1171)
IV: Gesamtbeschäftigung, Konjunkturen, Wachstum. 2. Auflage. 174 Seiten. 1962. (1172)
Allgemeine Volkswirtschaftspolitik von *H. Ohm*. 2 Bände.
I: Systematisch-Theoretische Grundlegung. 137 Seiten, 6 Abbildungen. 1962. (1195)
II: Der volkswirtschaftliche Gesamtorganismus als Objekt der Wirtschaftspolitik. In Vorbereitung. (1196)
Finanzwissenschaft von *H. Kolms*. 4 Bände.
I: Grundlegung, Öffentliche Ausgaben. 160 Seiten. 1959. (148)
II: Erwerbseinkünfte, Gebühren und Beiträge; Allgemeine Steuerlehre. 148 Seiten. 1960. (391)
III: Besondere Steuerlehre. 178 Seiten. 1962. (776)
IV: Öffentlicher Kredit. Haushaltswesen. Finanzausgleich. In Vorbereitung. (782)
Finanzmathematik von *M. Nicolas*. 192 Seiten, 11 Tafeln, 8 Tabellen und 72 Beispiele. 1959. (1183/1183a)
Industrie- und Betriebssoziologie von *R. Dahrendorf*. 2. Auflage. 136 Seiten 3 Figuren. 1962. (103)
Wirtschaftssoziologie von *F. Fürstenberg*. 122 Seiten. 1961. (1193)
Psychologie des Berufs- und Wirtschaftslebens von *W. Moede †*. 190 Seiten, 48 Abbildungen. 1958. (851/851a)
Allgemeine Methodenlehre der Statistik von *J. Pfanzagl*. 2 Bände.
I: Elementare Methoden unter besonderer Berücksichtigung der Anwendungen in den Wirtschafts- und Sozialwissenschaften. 205 Seiten, 35 Abbildungen. 1960. (746/746a)
II: Höhere Methoden unter besonderer Berücksichtigung der Anwendungen in Naturwissenschaft, Medizin und Technik. 295 Seiten, 39 Abbildungen. 1962. (747/747a)

Zeitungslehre von *E. Dovifat.* 2 Bände. 4., neubearbeitete Auflage.
I: Theoretische und rechtliche Grundlagen — Nachricht und Meinung — Sprache und Form. 148 Seiten. 1962. (1039)
II: Redaktion — Die Sparten: Verlag und Vertrieb, Wirtschaft und Technik, Sicherung der öffentlichen Aufgabe. 168 Seiten. 1962. (1040)

Naturwissenschaften

Mathematik

Geschichte der Mathematik von *J. E. Hofmann.* 4 Bände.
I: Von den Anfängen bis zum Auftreten von Fermat und Descartes. 2. Auflage. 200 Seiten. 1962. In Vorbereitung. (226/226a)
II: Von Fermat und Descartes bis zur Erfindung des Calculus und bis zum Ausbau der neuen Methoden. 109 Seiten. 1957. (875)
III: Von den Auseinandersetzungen um den Calculus bis zur französischen Revolution. 107 Seiten. 1957. (882)
IV: Geschichte der Mathematik der neuesten Zeit von *N. Stuloff.* In Vorbereitung. (883)

Mathematische Formelsammlung von *F. O. Ringleb.* 7., erweiterte Auflage. 320 Seiten, 40 Figuren. 1960. (51/51a)

Vierstellige Tafeln und Gegentafeln für logarithmisches und trigonometrisches Rechnen in zwei Farben zusammengestellt von *H. Schubert* und *R. Haussner.* 3., neubearbeitete Auflage von *J. Erlebach.* 158 Seiten. 1960. (81)

Fünfstellige Logarithmen von *A. Adler.* Mit mehreren graphischen Rechentafeln und häufig vorkommenden Zahlenwerten. 4. Auflage, überarbeitet von *J. Erlebach.* 127 Seiten, 1 Tafel. In Vorbereitung. (423)

Arithmetik von *P. B. Fischer †.* 3. Auflage von *H. Rohrbach.* 152 Seiten, 19 Abbildungen. 1958. (47)

Höhere Algebra von *H. Hasse.* 2 Bände. 4., durchgesehene Auflage.
I: Lineare Gleichungen. 152 Seiten. 1957. (931)
II: Gleichungen höheren Grades. 158 Seiten, 5 Figuren. 1958. (932)

Aufgabensammlung zur höheren Algebra von *H. Hasse* und *W. Klobe.* 3., verbesserte Auflage. 183 Seiten. 1961. (1082)

Elementare und klassische Algebra vom modernen Standpunkt von *W. Krull.* 2 Bände.
I: 2., erweiterte Auflage. 136 Seiten. 1952. (930)
II: 132 Seiten. 1959. (933)

Algebraische Kurven und Flächen von *W. Burau.* 2 Bände.
I: Algebraische Kurven der Ebene. 153 Seiten, 28 Figuren. 1962. (435)
II: Algebraische Flächen 3. Grades und Raumkurven 3. und 4. Grades. 1962. In Vorbereitung. (436)

Einführung in die Zahlentheorie von *A. Scholz †.* Überarbeitet und herausgegeben von *B. Schoeneberg.* 3. Auflage. 128 Seiten. 1961. (1131)

Formale Logik von *P. Lorenzen.* 2. Auflage. 165 Seiten. 1962. (1176/1176a)

Topologie von *W. Franz.* 2 Bände.
I: Allgemeine Topologie. 144 Seiten, 9 Figuren. 1960. (1181)

Elemente der Funktionentheorie von *K. Knopp †.* 5. Auflage. 144 Seiten, 23 Fig. 1959. (1109)

Funktionentheorie von *K. Knopp †*. 2 Bände. 10. Auflage.
I: Grundlagen der allgemeinen Theorie der analytischen Funktionen. 144 Seiten, 8 Figuren. 1961. (668)
II: Anwendungen und Weiterführung der allgemeinen Theorie. 130 Seiten, 7 Figuren. 1962. (703)

Aufgabensammlung zur Funktionentheorie von *K. Knopp †*. 2 Bände.
I: Aufgaben zur elementaren Funktionentheorie. 6. Auflage. 135 Seiten. In Vorbereitung. (877)
II: Aufgaben zur höheren Funktionentheorie. 5. Auflage. 151 Seiten. 1959. (878)

Differential- und Integralrechnung von *M. Barner*. (Früher *Witting*). 4 Bände.
I: Grenzwertbegriff, Differentialrechnung. 176 Seiten. 1961. (86/86a)

Gewöhnliche Differentialgleichungen von *G. Hoheisel*. 6., neubearbeitete und erweiterte Auflage. 128 Seiten. 1960. (920)

Partielle Differentialgleichungen von *G. Hoheisel*. 4., durchgesehene Auflage. 128 Seiten. 1960. (1003)

Aufgabensammlung zu den gewöhnlichen und partiellen Differentialgleichungen von *G. Hoheisel*. 4., durchgesehene und verbesserte Auflage. 124 Seiten. 1958. (1059)

Integralgleichungen von *G. Hoheisel*. 2., durchgesehene Auflage. 1962. In Vorbereitung. (1099)

Mengenlehre von *E. Kamke*. 4., verbesserte Auflage. 194 Seiten, 6 Figuren. In Vorbereitung. (999/999a)

Gruppentheorie von *L. Baumgartner*. 3., neubearbeitete Auflage. 110 Seiten, 3 Tafeln. 1958. (837)

Ebene und sphärische Trigonometrie von *G. Hessenberg †*. 5. Auflage, durchgesehen von *H. Kneser*. 172 Seiten, 60 Figuren. 1957. (99)

Darstellende Geometrie von *W. Haack*. 3 Bände.
I: Die wichtigsten Darstellungsmethoden. Grund- und Aufriß ebenflächiger Körper. 3., durchgesehene und ergänzte Auflage. 113 Seiten, 120 Abbildungen. 1960. (142)
II: Körper mit krummen Begrenzungsflächen. Kotierte Projektionen. 3., durchgesehene Auflage. 129 Seiten, 86 Abbildungen. 1962. (143)
III: Axonometrie und Perspektive. 2., durchgesehene und ergänzte Auflage. 129 Seiten, 100 Abbildungen. 1962. (144)

Analytische Geometrie von *K. P. Grotemeyer*. 2., erweiterte Auflage. 218 Seiten, 73 Abbildungen. 1962. (65/65a)

Nichteuklidische Geometrie. Hyperbolische Geometrie der Ebene von *R. Baldus †*. Durchgesehen und herausgegeben von *F. Löbell*. 3., verbesserte Auflage. 140 Seiten, 70 Figuren. 1953. (970)

Differentialgeometrie von *K. Strubecker* (früher *Rothe*). 3 Bände.
I: Kurventheorie der Ebene und des Raumes. 150 Seiten, 18 Figuren. 1955. (1113/1113a)
II: Theorie der Flächenmetrik. 195 Seiten, 14 Figuren. 1958. (1179/1179a)
III: Theorie der Flächenkrümmung. 254 Seiten, 38 Figuren. 1959. (1180/1180a)

Variationsrechnung von *L. Koschmieder*. 2 Bände. 2., neubearbeitete Auflage.
I: Das freie und gebundene Extrem einfacher Grundintegrale. 128 Seiten, 23 Figuren. 1962. (1074)

Einführung in die konforme Abbildung von *L. Bieberbach*. 5., erweiterte Auflage. 180 Seiten, 42 Figuren. 1956. (768/768a)

Vektoren und Matrizen von *S. Valentiner*. 2. Auflage. (9., erweiterte Auflage der „Vektoranalysis"). Mit Anhang: Aufgaben zur Vektorrechnung von *H. König*. 202 Seiten, 35 Figuren. 1960. (354/354a)

Versicherungsmathematik von *F. Böhm*. 2 Bände.
I: Elemente der Versicherungsrechnung. 3., vermehrte und verbesserte Auflage. Durchgesehener Neudruck. 151 Seiten. 1953. (180)
II: Lebensversicherungsmathematik. Einführung in die technischen Grundlagen der Sozialversicherung. 2., verbesserte und vermehrte Auflage. 205 Seiten. 1953. (917/917a)

Finanzmathematik von *M. Nicolas*. 192 Seiten, 11 Tafeln, 8 Tabellen und 72 Beispiele. 1959. (1183/1183a)

Physik

Einführung in die theoretische Physik von *W. Döring*. 5 Bände.
I: Mechanik. 2., verbesserte Auflage. 123 Seiten, 25 Abbildungen. 1960. (76)
II: Das elektromagnetische Feld. 2., verbesserte Auflage. 132 Seiten, 15 Abbildungen. 1962. (77)
III: Optik. 117 Seiten, 32 Abbildungen. 1956. (78)
IV: Thermodynamik. 107 Seiten, 9 Abbildungen. 1956. (374)
V: Statistische Mechanik. 114 Seiten, 12 Abbildungen. 1957. (1017)

Mechanik deformierbarer Körper von *M. Päsler*. 199 Seiten, 48 Abbildungen. 1960. (1189/1189a)

Atomphysik von *K. Bechert* und *Ch. Gerthsen* †. 7 Bände.
I: Allgemeine Grundlagen. 1. Teil. 4., durchgesehene Auflage von *A. Flammersfeld*. 124 Seiten, 35 Abbildungen. 1959. (1009)
II: Allgemeine Grundlagen. 2. Teil. 4. Auflage. 1962. In Vorber. (1033)
III: Theorie des Atombaus. 1. Teil. 4., umgearbeitete Auflage. 148 Seiten, 16 Abbildungen. 1962. In Vorbereitung (1123/1123a)
IV: Theorie des Atombaus. 2. Teil. 3., umgearbeitete Auflage. 170 Seiten, 14 Abbildungen. 1954. (1165/1165a)

Differentialgleichungen der Physik von *F. Sauter*. 3., durchgesehene und ergänzte Auflage. 148 Seiten, 16 Figuren. 1958. (1070)

Physikalische Formelsammlung von *G. Mahler* †. Neubearbeitet von *K. Mahler*. 10., durchgesehene Auflage. 153 Seiten, 69 Figuren. 1959. (136)

Physikalische Aufgabensammlung von *G. Mahler* †. Neu bearbeitet von *K. Mahler*. Mit den Ergebnissen. 11. Auflage. 127 Seiten. 1961. (243)

Chemie

Geschichte der Chemie in kurzgefaßter Darstellung von *G. Lockemann*. 2 Bände.
I: Vom Altertum bis zur Entdeckung des Sauerstoffs. 142 Seiten, 8 Bildnisse. 1950. (264)
II: Von der Entdeckung des Sauerstoffs bis zur Gegenwart. 151 Seiten, 16 Bildnisse. 1955. (265/265a)

Anorganische Chemie von *W. Klemm*. 12., neubearbeitete und erweiterte Auflage. 255 Seiten, 34 Abbildungen. 1962. (37/37a)

Organische Chemie von *W. Schlenk*. 8., erweiterte Auflage. 272 Seiten, 16 Abbildungen. 1960. (38/38a)

Physikalische Methoden der Organischen Chemie von *G. Kresze*. 65 Abbildungen. 1962. (44/44a)

Allgemeine und physikalische Chemie von *W. Schulze*. 2 Bände.
I: 5., durchgesehene Auflage. 139 Seiten, 10 Figuren. 1960. (71)
II: 5., verbesserte Auflage. 178 Seiten, 37 Figuren. 1961. (698/698a)

Einfache Versuche zur allgemeinen und physikalischen Chemie von *E. Dehn.* 371 Versuche mit 40 Abbildungen. 272 Seiten. 1962. (1201/1201 a)

Molekülbau. Theoretische Grundlagen und Methoden der Strukturermittlung von *W. Schulze.* 123 Seiten, 43 Figuren. 1958. (786)

Physikalisch-chemische Rechenaufgaben von *E. Asmus.* 3., verbesserte Auflage. 96 Seiten. 1958. (445)

Maßanalyse. Theorie und Praxis der klassischen und der elektrochemischen Titrierverfahren von *G. Jander* und *K. F. Jahr.* 9., durchgesehene Auflage. 313 Seiten, 49 Figuren. 1961. (221/221 a)

Qualitative Analyse von *H. Hofmann* u. *G. Jander.* 308 Seiten, 5 Abbildungen. 1960. (247/247 a)

Thermochemie von *W. A. Roth †.* 2., verbesserte Auflage. 109 Seiten, 16 Figuren. 1952. (1057)

Stöchiometrische Aufgabensammlung von *W. Bahrdt †* und *R. Scheer.* Mit den Ergebnissen. 7., durchgesehene Auflage. 119 Seiten. 1960. (452)

Elektrochemie und ihre physikalisch-chemischen Grundlagen von *A. Dassler.* 2 Bände.
II: 178 Seiten, 17 Abbildungen. 1950. (253)

Technologie

Die Chemie der Kunststoffe von *K. Hamann,* unter Mitarbeit von *W. Funke* und *H. D. Hermann.* 143 Seiten. 1960. (1173)

Warenkunde von *K. Hassak* und *E. Beutel †.* 2 Bände.
I: Anorganische Waren sowie Kohle und Erdöl. 8. Auflage. Neubearbeitet von *A. Kutzelnigg.* 119 Seiten, 18 Figuren. 1958. (222)
II: Organische Waren. 8. Auflage. Vollständig neubearbeitet von *A. Kutzelnigg.* 157 Seiten, 32 Figuren. 1959. (223)

Die Fette und Öle von *Th. Klug.* 6., verbesserte Auflage. 143 Seiten. 1961. (335)

Die Seifenfabrikation von *K. Braun †.* 3., neubearbeitete und verbesserte Auflage von *Th. Klug.* 116 Seiten, 18 Abbildungen. 1953. (336)

Textilindustrie von *A. Blümcke.*
I: Spinnerei und Zwirnerei. 111 Seiten, 43 Abbildungen. 1954. (184)

Biologie

Einführung in die allgemeine Biologie und ihre philosophischen Grund- und Grenzfragen von *M. Hartmann.* 132 Seiten, 2 Abbildungen. 1956. (96)

Hormone von *G. Koller.* 2., neubearbeitete und erweiterte Auflage. 187 Seiten, 60 Abbildungen, 19 Tabellen. 1949. (1141)

Fortpflanzung im Tier- und Pflanzenreich von *J. Hämmerling.* 2., ergänzte Auflage. 135 Seiten, 101 Abbildungen. 1951. (1138)

Geschlecht und Geschlechtsbestimmung im Tier- und Pflanzenreich von *M. Hartmann.* 2., verbesserte Auflage. 116 Seiten, 61 Abbildungen, 7 Tabellen. 1951. (1127)

Symbiose der Tiere mit pflanzlichen Mikroorganismen von *P. Buchner.* 2., verbesserte und vermehrte Auflage. 130 Seiten, 121 Abbildungen. 1949. (1128)

Grundriß der Allgemeinen Mikrobiologie von *W.* u. *A. Schwartz.* 2 Bände. 2., verbesserte und ergänzte Auflage.
I: 147 Seiten, 25 Abbildungen. 1960. (1155)
II: 142 Seiten, 29 Abbildungen. 1961. (1157)

Botanik

Entwicklungsgeschichte des Pflanzenreiches von *H. Heil*. 2. Auflage. 138 Seiten, 94 Abbildungen, 1 Tabelle. 1950. (1137)

Morphologie der Pflanzen von *L. Geitler*. 3., umgearbeitete Auflage. 126 Seiten, 114 Abbildungen. 1953. (141)

Pflanzengeographie von *L. Diels †*. 5., völlig neubearbeitete Auflage von *F. Mattick*. 195 Seiten, 2 Karten. 1958. (389/389 a)

Die Laubhölzer. Kurzgefaßte Beschreibung der in Mitteleuropa gedeihenden Laubbäume und Sträucher von *F. W. Neger †* und *E. Münch †*. 3., durchgesehene Auflage, herausgegeben von *B. Huber*. 143 Seiten, 63 Figuren, 7 Tabellen. 1950. (718)

Die Nadelhölzer (Koniferen) und übrigen Gymnospermen von *F. W. Neger †* und *E. Münch †*. 4. Auflage, durchgesehen und ergänzt von *B. Huber*. 140 Seiten, 75 Figuren, 4 Tabellen, 3 Karten. 1952. (355)

Pflanzenzüchtung von *H. Kuckuck*. 2 Bände.
- I: Grundzüge der Pflanzenzüchtung. 3., völlig umgearbeitete und erweiterte Auflage. 132 Seiten, 22 Abbildungen. 1952. (1134)
- II: Spezielle gartenbauliche Pflanzenzüchtung (Züchtung von Gemüse, Obst und Blumen). 178 Seiten, 27 Abbildungen. 1957. (1178/1178 a)

Zoologie

Entwicklungsphysiologie der Tiere von *F. Seidel*. 2 Bände.
- I: Ei und Furchung. 126 Seiten, 29 Abbildungen. 1953. (1162)
- II: Körpergrundgestalt und Organbildung. 159 Seiten, 42 Abbildungen. 1953. (1163)

Das Tierreich
- I: Einzeller, Protozoen von *E. Reichenow*. 115 Seiten, 59 Abbildungen. 1956. (444)
- II: Schwämme und Hohltiere von *H. J. Hannemann*. 95 Seiten, 80 Abbildungen. 1956. (442)
- III: Würmer. Platt-, Hohl-, Schnurwürmer, Kamptozoen, Ringelwürmer, Protracheaten, Bärtierchen, Zungenwürmer von *S. Jaeckel*. 114 Seiten, 36 Abbildungen. 1955. (439)
- IV, 1: Krebse von *H. E. Gruner* und *K. Deckert*. 114 Seiten, 43 Abbildungen. 1956. (443)
- IV, 2: Spinnentiere (Trilobitomorphen, Fühlerlose) und Tausendfüßler von *A. Kaestner*. 96 Seiten, 55 Abbildungen. 1955. (1161)
- IV, 3: Insekten von *H. von Lengerken*. 128 Seiten, 58 Abbildungen. 1953. (594)
- V: Weichtiere. Urmollusken, Schnecken, Muscheln und Kopffüßer von *S. Jaeckel*. 92 Seiten, 34 Abbildungen. 1954. (440)
- VI: Stachelhäuter. Tentakulaten, Binnenatmer und Pfeilwürmer von *S. Jaeckel*. 100 Seiten, 46 Abbildungen. 1955. (441)
- VII, 1: Manteltiere, Schädellose, Rundmäuler von *Th. Haltenorth*. In Vorbereitung. (448)
- VII, 2: Fische von *D. Lüdemann*. 130 Seiten, 65 Abbildungen. 1955. (356)
- VII, 3: Lurche (Chordatiere) von *K. Herter*. 143 S., 129 Abb. 1955. (847)
- VII, 4: Kriechtiere (Chordatiere) von *K. Herter*. 200 Seiten, 142 Abbildungen. 1960. (447/447 a)
- VII, 5: Vögel (Chordatiere) von *H.-A. Freye*. 156 S., 69 Fig. 1960. (869)
- VII, 6: Säugetiere (Chordatiere) von *Th. Haltenorth*. In Vorbereitung. (282)

Land- und Forstwirtschaft

Landwirtschaftliche Tierzucht. Die Züchtung und Haltung der landwirtschaftlichen Nutztiere von *H. Vogel.* 139 Seiten, 11 Abbildungen. 1952. (228)

Kulturtechnische Bodenverbesserungen von *O. Fauser.* 2 Bände. 5., verbesserte und vermehrte Auflage.
I: Allgemeines, Entwässerung. 127 Seiten, 49 Abbildungen. 1959. (691)
II: Bewässerung, Ödlandkultur, Flurbereinigung. 159 Seiten, 71 Abbildungen. 1961. (692)

Agrikulturchemie von *K. Scharrer.* 2 Bände.
I: Pflanzenernährung. 143 Seiten. 1953. (329)
II: Futtermittelkunde. 192 Seiten. 1956. (330/330 a)

Geologie, Mineralogie, Kristallographie

Geologie von *F. Lotze.* 2., verbesserte Auflage. 178 Seiten, 80 Abbildungen. 1961 (13)

Mineral- und Erzlagerstättenkunde von *H. Huttenlocher †.* 2 Bände.
I: 2. Auflage. 128 Seiten, 34 Abbildungen. In Vorbereitung. (1014)
II: 156 Seiten, 48 Abbildungen. 1954. (1015/1015 a)

Allgemeine Mineralogie. 10., erweiterte Auflage der „Mineralogie" von *R. Brauns †,* bearbeitet von *K. F. Chudoba.* 120 Seiten, 120 Figuren, 1 Tafel, 3 Tabellen. 1958. (29)

Spezielle Mineralogie. 10., erweiterte Auflage der „Mineralogie" von *R. Brauns †,* bearbeitet von *K. F. Chudoba.* 170 Seiten, 125 Figuren, 4 Tabellen. 1959. (31/31 a)

Petrographie (Gesteinskunde) von *W. Bruhns †.* Neubearbeitet von *P. Ramdohr.* 5., erweiterte Auflage. 141 Seiten, 10 Figuren. 1960. (173)

Kristallographie von *W. Bruhns †.* 5. Auflage, neubearbeitet von *P. Ramdohr.* 109 Seiten, 164 Abbildungen. 1958. (210)

Einführung in die Kristalloptik von *E. Buchwald.* 4., verbesserte Auflage. 138 Seiten. 121 Figuren. 1952. (619)

Lötrohrprobierkunde. Mineraldiagnose mit Lötrohr- und Tüpfelreaktion von *M. Henglein.* 4., durchgesehene und erweiterte Auflage. 108 Seiten, 11 Figuren. 1962. (483)

Technik

Graphische Darstellung in Wissenschaft und Technik von *M. Pirani.* 3., erweiterte Auflage bearbeitet von *J. Fischer* unter Benutzung der von *I. Runge* besorgten 2. Auflage. 216 Seiten, 104 Abbildungen. 1957. (728/728 a)

Technische Tabellen und Formeln von *W. Müller.* 5., verbesserte und erweiterte Auflage von *E. Schulze.* 163 Seiten, 114 Abbildungen. 1962. (579)

Grundlagen der Straßenverkehrstechnik. Theorie der Leistungsfähigkeit von *E. Engel.* 101 Seiten, 55 Abbildungen. 1962. (1198)

Elektrotechnik

Grundlagen der allgemeinen Elektrotechnik von *O. Mohr.* 2., durchgesehene Auflage. 260 Seiten, 136 Bilder, 14 Tafeln. 1961. (196/196 a)

Die Gleichstrommaschine von *K. Humburg.* 2 Bände. 2., durchgesehene Auflage.
I: 102 Seiten, 59 Abbildungen. 1956. (257)
II: 101 Seiten, 38 Abbildungen. 1956. (881)

Die Synchronmaschine von *W. Putz.* 91 Seiten, 64 Abbildungen. 1962. (1146)
Induktionsmaschinen von *F. Unger.* 2., erweiterte Auflage. 142 Seiten, 49 Abbildungen. 1954. (1140)
Die komplexe Berechnung von Wechselstromschaltungen von *H. H. Meinke.* 2. Auflage. 180 Seiten, 120 Abbildungen. 1957. (1156/1156a)
Theoretische Grundlagen zur Berechnung der Schaltgeräte von *F. Kesselring.* 3. Auflage. 144 Seiten, 92 Abbildungen. 1950. (711)
Einführung in die Technik selbsttätiger Regelungen von *W. zur Megede.* 2., durchgesehene Auflage. 180 Seiten, 86 Abbildungen. 1961. (714/714a)
Elektromotorische Antriebe (Grundlagen für die Berechnung) von *A. Schwaiger.* 3., neubearbeitete Auflage. 96 Seiten, 34 Abbildungen. 1952. (827)
Überspannungen und Überspannungsschutz von *G. Frühauf.* Durchgesehener Neudruck. 122 Seiten, 98 Abbildungen. 1950. (1132)
Transformatoren von *W. Schäfer.* 4., überarbeitete und ergänzte Auflage. 130 Seiten, 73 Abbildungen. 1962. In Vorbereitung. (952)

Maschinenbau

Metallkunde von *H. Borchers.* 3 Bände.
I: Aufbau der Metalle und Legierungen. 5. Auflage. 120 Seiten, 90 Abbildungen, 2 Tabellen. 1962. (432)
II: Eigenschaften, Grundzüge der Form- und Zustandsgebung. 3. und 4. Auflage. 179 Seiten, 107 Abbildungen, 10 Tabellen. 1959. (433/433a)
III: Die metallkundlichen Untersuchungsmethoden von *E. Hanke* In Vorbereitung. (434)
Die Werkstoffe des Maschinenbaues von *A. Thum †* und *C. M. v. Meysenbug.* 2 Bände.
I: Einführung in die Werkstoffprüfung. 2., neubearbeitete Auflage. 100 Seiten, 7 Tabellen, 56 Abbildungen. 1956. (476)
II: Die Konstruktionswerkstoffe. 132 Seiten, 40 Abbildungen. 1959. (936)
Dynamik von *W. Müller.* 2 Bände. 2., verbesserte Auflage.
I: Dynamik des Einzelkörpers. 128 Seiten, 48 Figuren. 1952. (902)
II: Systeme von starren Körpern. 102 Seiten, 41 Figuren. 1952. (903)
Technische Schwingungslehre von *L. Zipperer.* 2 Bände. 2., neubearbeitete Auflage.
I: Allgemeine Schwingungsgleichungen, einfache Schwinger. 120 Seiten, 101 Abbildungen. 1953. (953)
II: Torsionsschwingungen in Maschinenanlagen. 102 Seiten, 59 Abbildungen. 1955. (961/961a)
Werkzeugmaschinen für Metallbearbeitung von *K. P. Matthes.* 2 Bände.
I: 100 Seiten, 27 Abbildungen, 11 Zahlentafeln, 1 Tafelanhang. 1954. (561)
II: Fertigungstechnische Grundlagen der neuzeitlichen Metallbearbeitung. 101 Seiten, 30 Abbildungen, 5 Tafeln. 1955. (562)
Das Maschinenzeichnen mit Einführung in das Konstruieren von *W. Tochtermann.* 2 Bände. 4. Auflage.
I: Das Maschinenzeichnen. 156 Seiten, 75 Tafeln. 1950. (589)
II: Ausgeführte Konstruktionsbeispiele. 130 Seiten, 58 Tafeln. 1950. (590)
Die Maschinenelemente von *E. A. vom Ende.* 4., überarbeitete Auflage. Etwa 166 Seiten 175 Figuren, 9 Tafeln. In Vorbereitung. (3/3a)

Die Maschinen der Eisenhüttenwerke von *L. Engel*. 156 Seiten, 95 Abbildungen 1957. (583/583 a)

Walzwerke von *H. Sedlaczek* † unter Mitarbeit von *F. Fischer* und *M. Buch*. 232 Seiten, 157 Abbildungen. 1958. (580/580 a)

Getriebelehre von *P. Grodzinski* †. 2 Bände. 3., neubearbeitete Auflage von *G. Lechner*.
I: Geometrische Grundlagen. 164 Seiten, 131 Figuren. 1960. (1061)
II: Angewandte Getriebelehre. In Vorbereitung. (1062)

Gießereitechnik von *H. Jungbluth*. 2 Bände.
I: Eisengießerei. 126 Seiten, 44 Abbildungen. 1951. (1159)

Die **Dampfturbinen.** Ihre Wirkungsweise, Berechnung und Konstruktion von *C. Zietemann*. 3 Bände. 3., verbesserte Auflage.
I: Theorie der Dampfturbinen. 139 Seiten, 48 Abbildungen. 1955. (274)
II: Die Berechnung der Dampfturbinen und die Konstruktion der Einzelteile. 132 Seiten, 111 Abbildungen. 1956. (715)
III: Die Regelung der Dampfturbinen, die Bauarten, Turbinen für Sonderzwecke, Kondensationsanlagen. 126 Seiten, 90 Abbildungen. 1956. (716)

Verbrennungsmotoren von *W. Endres*. 3 Bände.
I: Überblick. Motor-Brennstoffe. Verbrennung im Motor allgemein, im Otto- und Diesel-Motor. 153 Seiten, 57 Abbildungen. 1958. (1076/1076 a)
II: Die heutigen Typen der Verbrennungskraftmaschine. In Vorbereitung. (1184)
III: Die Einzelteile des Verbrennungsmotors. In Vorbereitung. (1185)

Autogenes Schweißen und Schneiden von *H. Niese*. 5. Auflage, neubearbeitet von *A. Küchler*. 136 Seiten, 71 Figuren. 1953. (499)

Die elektrischen Schweißverfahren von *H. Niese*. 2. Auflage, neubearbeitet von *H. Dienst*. 136 Seiten, 58 Abbildungen. 1955. (1020)

Die Hebezeuge. Entwurf von Winden und Kranen von *G. Tafel*. 2., verbesserte Auflage. 176 Seiten, 230 Figuren. 1954. (414/414 a)

Wasserbau

Wasserkraftanlagen von *A. Ludin* unter Mitarbeit von *W. Borkenstein*. 2 Bände.
I: Planung, Grundlagen und Grundzüge. 124 Seiten, 60 Abbildungen. 1955. (665)
II: Anordnung und Ausbildung der Hauptbauwerke. 184 Seiten, 91 Abbildungen. 1958. (666/666 a)

Verkehrswasserbau von *H. Dehnert*. 3 Bände.
I: Entwurfsgrundlagen, Flußregelungen. 103 Seiten, 52 Abbildungen. 1950. (585)
II: Flußkanalisierung und Schiffahrtskanäle. 94 Seiten, 60 Abbildungen. 1950. (597)
III: Schleusen und Hebewerke. 98 Seiten, 70 Abbildungen. 1950. (1152)

Wehr- und Stauanlagen von *H. Dehnert*. 134 Seiten, 90 Abbildungen. 1952. (965)

Talsperren von *F. Tölke*. 122 Seiten, 70 Abbildungen. 1953. (1044)

Hoch- und Tiefbau

Die wichtigsten Baustoffe des Hoch- und Tiefbaus von *O. Graf †*. 4., verbesserte Auflage. 131 Seiten, 63 Abbildungen. 1953. (984)

Baustoffverarbeitung und Baustellenprüfung des Betons von *A. Kleinlogel*. 2., neubearbeitete und erweiterte Auflage. 126 Seiten, 35 Abbildungen. 1951. (978)

Festigkeitslehre. 2 Bände.
I: Elastizität, Plastizität und Festigkeit der Baustoffe und Bauteile von *W. Gehler †* und *W. Herberg*. Durchgesehener und erweiterter Neudruck. 159 Seiten, 118 Abbildungen. 1952. (1144)
II: Formänderung, Platten, Stabilität und Bruchhypothesen von *W. Herberg* und *N. Dimitrov*. 187 Seiten, 94 Abbildungen. 1955. (1145/1145a)

Grundlagen des Stahlbetonbaus von *A. Troche*. 2., neubearbeitete und erweiterte Auflage. 208 Seiten, 75 Abbildungen, 17 Bemessungstafeln, 20 Rechenbeispiele. 1953. (1078)

Statik der Baukonstruktionen von *A. Teichmann*. 3 Bände.
I: Grundlagen. 101 Seiten, 51 Abbildungen, 8 Formeltafeln. 1956. (119)
II: Statisch bestimmte Stabwerke. 107 Seiten, 52 Abbildungen, 7 Tafeln. 1957. (120)
III: Statisch unbestimmte Systeme. 112 Seiten, 34 Abbildungen, 7 Formeltafeln. 1958. (122)

Fenster, Türen, Tore aus Holz und Metall. Eine Anleitung zu ihrer guten Gestaltung, wirtschaftlichen Bemessung und handwerksgerechten Konstruktion von *W. Wickop †*. 4., überarbeitete und ergänzte Auflage. 155 Seiten, 95 Abbildungen. 1955. (1092)

Heizung und Lüftung von *W. Körting*. 2 Bände. 9., neubearbeitete Auflage.
I: Das Wesen und die Berechnung der Heizungs- und Lüftungsanlagen. 172 Seiten, 29 Abbildungen, 36 Zahlentafeln. 1962. (342/342a)
II: Die Ausführung der Heizungs- und Lüftungsanlagen. 1962. In Vorbereitung. (343)

Industrielle Kraft- und Wärmewirtschaft von *F. A. F. Schmidt* und *A. Beckers*. 167 Seiten, 73 Abbildungen. 1957. (318/318a)

Vermessungswesen

Vermessungskunde von *P. Werkmeister*. 3 Bände.
I: Stückvermessung und Nivellieren. 11., verbesserte Auflage von *W. Grossmann*. 144 Seiten, 117 Figuren. 1962. (468)
II: Horizontalaufnahmen und ebene Rechnungen. 8., völlig neubearbeitete Auflage von *W. Grossmann*. 133 Seiten, 97 Figuren. 1959. (469)
III: Trigonometrische und barometrische Höhenmessung. Tachymetrie und Absteckungen. 7., völlig neubearbeitete Auflage von *W. Grossmann*. 136 Seiten, 97 Figuren. 1960. (862)

Kartographie von *V. Heissler*. 125 Abbildungen, mehrere Karten. 1962. In Vorbereitung. (30/30a)

Photogrammetrie von *G. Lehmann*. 189 Seiten, 132 Abbildungen. 1959. (1188/1188a)

Sammlung Göschen / Bandnummernfolge

1 Langosch, Der Nibelunge Nôt
3/3a v. Ende, Maschinenelemente
10 Jiriczek-Wisniewski, Kudrun- und Dietrich-Epen
13 Lotze, Geologie
18 Maurer, Hartmann von Aue. Der arme Heinrich
19 Altheim, Römische Geschichte I
20 Hofstaetter, Dt. Sprachlehre
22 Maurer, Gottfried von Strassburg
29 Brauns-Chudoba, Allg. Mineralog.
30/30a Heissler, Kartographie
31/31a Brauns-Chudoba, Spez. Mineralogie
35 Treue, Dt. Geschichte von 1648 bis 1740
37/37a Klemm, Anorganische Chemie
38/38a Schlenk, Organische Chemie
39 Treue, Dt. Geschichte von 1713 bis 1806
42 Behn-Hoernes, Vorgesch. Europas
44/44a Kresze, Physikalische Methoden der organischen Chemie
47 Fischer-Rohrbach, Arithmetik
51/51a Ringleb, Mathem. Formelslg.
52 Bieler, Röm. Literaturgesch. I
59 Krahe, Indog. Sprachwiss. I
60 Biehle, Stimmkunde
61 Biehle, Redetechnik
64 Krahe, Indog. Sprachwiss. II
65/65a Grotemeyer, Analyt. Geomet.
66 Berneker-Vasmer, Russische Grammatik
70 Nestle-Liebich, Gesch. d. griech. Literatur I
71 Schulze, Allgemeine und physikalische Chemie I
76 Döring, Einf. i. d. th. Physik I
77 Döring, Einf. i. d. th. Physik II
78 Döring, Einf. i. d. th. Physik III
79/79a Hempel, Got. Elementarbuch
80 Weigert, Stilkunde I
81 Schubert-Haussner-Erlebach, Vierstell. Logarithmentafeln
86/86a Barner, Differential- u. Integralrechnung I
96 Hartmann, Einf. in die allgem. Biologie
99 Hessenberg-Kneser, Ebene und sphär. Trigonometrie
101 v. Wiese, Soziologie
103 Dahrendorf, Industrie- und Betriebssoziologie
104/104a Hofstätter, Sozialpsycholog.
111 Hoffmann-Debrunner, Gesch. der griechischen Sprache I
114 Debrunner, Gesch. der griechisch. Sprache II
117 Brandenstein, Griechische Sprachwissenschaft I
118/118a Brandenstein, Griechische Sprachwissenschaft II
119 Teichmann, Statik der Baukonstruktionen I
120 Teichmann, Statik der Baukonstruktionen II
122 Teichmann, Statik der Baukonstruktionen III
125 Vossler-Noyer-Weidner, Ital. Literaturgeschichte
128/128a Lausberg, Romanische Sprachwissenschaft I
136 Mahler, Physikal. Formelslg.
141 Geitler, Morphologie der Pflanzen
142 Haack, Darstellende Geometrie I
143 Haack, Darstellende Geometrie II
144 Haack, Darstellende Geometrie III
145 Weimer, Gesch. der Pädagogik
148 Kolms, Finanzwissenschaft I
156/156a Landmann, Philosophische Anthropologie
170 Oehlmann, Musik des 19. Jhs.
171/171a Oehlmann, Musik des 20. Jhs.
173 Bruhns-Ramdohr, Petrographie
180 Böhm, Versicherungsmathem. I
184 Blümcke, Textilindustrie I
196/196a Mohr, Grundlagen der Elektrotechnik
200/200a Gottschald, Dt. Rechtschreibungswörterbuch
210 Bruhns-Ramdohr, Kristallogr.
220/220a Moser, Allg. Musiklehre
221/221a Jander-Jahr, Maßanalyse
222 Hassak-Beutel-Kutzelnigg, Warenkunde I
223 Hassak-Beutel-Kutzelnigg, Warenkunde II
226/226a Hofmann, Gesch. d. Mathematik I
228 Vogel, Landw. Tierzucht
231/231a Ehrlich, Geschichte Israels
238 Krahe, German. Sprachwiss. I
243 Mahler, Physikal. Aufgabenslg.

247/247a Hofmann-Jander, Qualitative Analyse
250 Lausberg, Romanische Sprachwissenschaft II
253 Dassler, Elektrochemie II
257 Humburg, Gleichstrommaschine I
264 Lockemann, Gesch. d. Chemie I
265/265a Lockemann, Geschichte der Chemie II
270 Kirn, Einführung in die Geschichtswissenschaft
274 Zietemann, Dampfturbinen I
279 Jacob-Hohenleutner, Quellenkde. der deutschen Geschichte I
280 Jacob-Hohenleutner, Quellenkde. der deutschen Geschichte II
281 Leisegang, Einführung in die Philosophie
282 Haltenorth, Säugetiere
284 Jacob-Weden, Quellenkunde der deutschen Geschichte III
318/318a Schmidt-Beckers, Industrielle Kraft- u. Wärmewirtschaft
319 Krug, Australien und Ozeanien
329 Scharrer, Agrikulturchemie I
330/330a Scharrer, Agrikulturchem. II
335 Klug, Fette und Öle
336 Braun-Klug, Seifenfabrikation
342/342a Körting, Heizung und Lüftung I
343 Körting, Heizung und Lüftung II
344 Moser, Musikästhetik
354/354a Valentiner-König, Vektoren und Matrizen
355 Neger-Münch-Huber, Nadelhölzer
356 Lüdemann, Fische
374 Döring, Einführung in die theoret. Physik IV
375 Preller, Geschichte Englands I
389/389a Diels-Mattick, Pflanzengeographie
391 Kolms, Finanzwissenschaft II
394/394a Schilling, Von der Renaissance bis Kant
414/414a Tafel, Hebezeuge
422 Gottschald, Dt. Personennamen
423 Adler-Erlebach, Fünfstellige Logarithmen
432 Borchers, Metallkunde I
433/433a Borchers, Metallkunde II
434 Borchers-Hanke, Metallkunde III
435 Burau, Algebr. Kurven u. Flächen I
436 Burau, Algebr. Kurven und Flächen II
439 Jaeckel, Würmer
440 Jaeckel, Weichtiere
441 Jaeckel, Stachelhäuter
442 Hannemann, Schwämme und Hohltiere
443 Gruner-Deckert, Krebse
444 Reichenow, Einzeller
445 Asmus, Physikal.-chem. Rechenaufgaben
447/447a Herter, Kriechtiere
448 Haltenorth, Manteltiere
452 Bahrdt-Scheer, Stöchiometrische Aufgabensammlung
468 Werkmeister-Grossmann, Vermessungskunde I
469 Werkmeister-Grossmann, Vermessungskunde II
476 Thum-Meysenbug, Die Werkstoffe des Maschinenbaues I
483 Henglein, Lötrohrprobierkunde
492 Stolz-Debrunner, Geschichte der latein. Sprache
499 Niese-Küchler, Autogenes Schweißen
500 Simmel, Hauptprobleme der Philosophie
536 Lehmann, Kant
538 Rumpf, Archäologie I
539 Rumpf, Archäologie II
557 Nestle-Liebich, Gesch. d. griech. Literatur II
561 Matthes, Werkzeugmaschinen I
562 Matthes, Werkzeugmaschinen II
564 Behn-Hoernes, Kultur der Urzeit I
565 Behn-Hoernes, Kultur d. Urzeit II
566 Behn-Hoernes, Kultur d. Urzeit III
571 Lehmann, Philosophie d. 19. Jh. I
576/576a Moser, Gesangskunst
579 Müller-Schulze, Techn. Tabellen
580/580a Sedlaczek-Fischer-Buch, Walzwerke
583/583a Engel, Maschinen der Eisenhüttenwerke
585 Dehnert, Verkehrswasserbau I
587 Kalitsunakis-Steinmetz, Neugriech.-dt. Gesprächsbuch
589 Tochtermann, Maschinenzeichnen I
590 Tochtermann, Masch.-Zeichnen II
594 v. Lengerken, Insekten
597 Dehnert, Verkehrswasserbau II
601 Mutschmann, Engl. Phonetik
619 Buchwald, Kristalloptik

665 Ludin-Borkenstein, Wasserkraftanlagen I
666/666a Ludin-Borkenstein, Wasserkraftanlagen II
668 Knopp, Funktionentheorie I
677 Altheim, Röm. Geschichte II
679 Altheim, Röm. Geschichte III
684 Altheim, Röm. Geschichte IV
691 Fauser, Kulturtechn. Bodenverbesserungen I
692 Fauser, Kulturtechn. Bodenverbesserungen II
698/698a Schulze, Allgemeine und physikalische Chemie II
703 Knopp, Funktionentheorie II
709 Lehmann, Philosophie d. 19. Jh. II
711 Kesselring, Berechnung der Schaltgeräte
714/714a zur Megede, Technik selbsttätiger Regelungen
715 Zietemann, Dampfturbinen II
716 Zietemann, Dampfturbinen III
718 Neger-Münch-Huber, Laubhölzer
728/728a Pirani-Fischer-Runge, Graph. Darstellg. in Wissensch. u. Technik
735 Ekwall, Historische neuengl. Laut- und Formenlehre
746/746a Pfanzagl, Allg. Methodenlehre der Statistik I
747/747a Pfanzagl, Allg. Methodenlehre der Statistik II
756/756a Kalitsunakis, Grammatik der Neugriechischen Volkssprache
763/763a Beer-Meyer, Hebräische Grammatik I
764/764a Beer-Meyer, Hebräische Grammatik II
768/768a Bieberbach, Einführung in die konforme Abbildung
769/769a Beer-Meyer, Hebr. Textbuch
776 Kolms, Finanzwissenschaft III
780 Krahe, German. Sprachwiss. II
781 Weigert, Stilkunde II
782 Kolms, Finanzwissenschaft IV
786 Schulze, Molekülbau
807 Kropp, Erkenntnistheorie
809 Moser, Harmonielehre I
826 Koch, Philosophie des Mittelalters
827 Schwaiger, Elektromotorische Antriebe
831 Erismann, Allg. Psychologie I
832/832a Erismann, Allg. Psychologie II
833/833a Erismann, Allg. Psychologie III
837 Baumgartner, Gruppentheorie
845 Lehmann, Philosophie im ersten Drittel des 20. Jahrhunderts I
847 Herter, Lurche
850 Lehmann, Philosophie im ersten Drittel des 20. Jahrhunderts II
851/851a Moede, Psychologie des Berufs- und Wirtschaftslebens
857 Capelle, Griech. Philosophie I
858 Capelle, Griech. Philosophie II
859 Capelle, Griech. Philosophie III
862 Werkmeister-Grossmann, Vermessungskunde III
863 Capelle, Griech. Philosophie IV
866 Bieler, Röm. Literaturgesch. II
869 Freye, Vögel
875 Hofmann, Geschichte der Mathematik II
877 Knopp, Aufgabensammlung zur Funktionentheorie I
878 Knopp, Aufgabensammlung zur Funktionentheorie II
881 Humburg, Gleichstrommasch. II
882 Hofmann, Gesch. d. Mathematik III
883 Stuloff, Mathematik der neuesten Zeit
893 Treue, Dt. Geschichte von 1806 bis 1890
894 Treue, Dt. Geschichte von 1890 bis zur Gegenwart
902 Müller, Dynamik I
903 Müller, Dynamik II
910 Jaeger, Afrika I
911 Jaeger, Afrika II
915 Sperber-Fleischhauer, Geschichte der Deutschen Sprache
917/917a Böhm, Versicherungsmathematik II
920 Hoheisel, Gewöhnliche Differentialgleichungen
921 Jantzen-Kolb, W. v. Eschenbach. Parzival
929 Schirmer-Mitzka, Dt. Wortkunde
930 Krull, Elementare und klassische Algebra I
931 Hasse, Höhere Algebra I
932 Hasse, Höhere Algebra II
933 Krull, Elementare und klassische Algebra II
936 Thum-Meysenbug, Werkstoffe des Maschinenbaues II

952 Schäfer, Transformatoren
953 Zipperer, Techn. Schwingungsl. I
961/961a Zipperer, Techn. Schwingungslehre II
965 Dehnert, Wehr- und Stauanlagen
970 Baldus-Löbell, Nichteuklidische Geometrie
978 Kleinlogel, Baustoffverarbeitung und Baustellenprüfung d. Betons
984 Graf, Baustoffe des Hoch- und Tiefbaues
999/999a Kamke, Mengenlehre
1000 Jaspers, Geistige Situat. der Zeit
1003 Hoheisel, Partielle Differentialgl.
1008/1008a Mellerowicz, Allgemeine Betriebswirtschaftslehre I
1009 Bechert-Gerthsen-Flammersfeld, Atomphysik I
1014 Huttenlocher, Mineral- und Erzlagerstättenkunde I
1015/1015a Huttenlocher, Mineral- u. Erzlagerstättenkunde II
1017 Döring, Einführung in die theoret. Physik V
1020 Niese-Dienst, Elektrische Schweißverfahren
1031/1031a Apel-Ludz, Philosophisches Wörterbuch
1033 Bechert-Gerthsen, Atomphys. II
1034 Kranefeldt-Jung, Therapeutische Psychologie
1035 Altheim, Röm. Religionsgeschichte I
1039 Dovifat, Zeitungslehre I
1040 Dovifat, Zeitungslehre II
1044 Tölke, Talsperren
1045 Schubert, Technik des Klavierspiels
1051/1051a Stolberg-Wernigerode, Gesch. d. Verein. Staaten von Amerika
1052 Altheim, Röm. Religionsgesch. II
1057 Roth, Thermochemie
1059 Hoheisel, Aufgabenslg. z. d. gew. u. part. Differentialgl.
1061 Grodzinski-Lechner, Getriebel. I
1062 Grodzinski-Lechner, Getriebelehre II
1065 Haller-Dannenbauer, Von den Karolingern zu den Staufern
1070 Sauter, Differentialgleichungen der Physik
1074 Koschmieder, Variationsrechnung I
1076/1076a Endres, Verbrennungsmotoren I
1077 Haller-Dannenbauer, Von den Staufern zu den Habsburgern
1078 Troche, Stahlbetonbau
1082 Hasse-Klobe, Aufgabensammlung zur höheren Algebra
1085 Lietzmann-Aland, Zeitrechnung
1086 Müller, Dt. Dichten u. Denken
1088 Preller, Gesch. Englands II
1092 Wickop, Fenster, Türen, Tore
1094 Hernried, System. Modulation
1096 Viëtor, Dt. Dichten und Denken
1099 Hoheisel, Integralgleichungen
1105 Hartung, Dt. Geschichte im Zeitalter der Reformation
1108 de Boor-Wisniewski, Mittelhochdeutsche Grammatik
1109 Knopp, Elemente der Funktionentheorie
1111 Betz, Althochdt. Elementarbuch
1113/1113a Strubecker, Differentialgeometrie I
1114 Schubel, Engl. Literaturgesch. I
1115 Ranke, Altnord. Elementarb.
1116 Schubel, Engl. Literaturgesch. II
1117 Haller-Dannenbauer, Eintritt der Germanen in die Geschichte
1121 Naumann, Dt. Dichten u. Denken
1122 Feist, Sprechen u. Sprachpflege
1123/1123a Bechert-Gerthsen, Atomphysik III
1124 Schubel, Engl. Literaturgesch. III
1125 Lehnert, Altengl. Elementarbuch
1127 Hartmann, Geschlecht und Geschlechtsbestimmung im Tier- und Pflanzenreich
1128 Buchner, Symbiose der Tiere mit pflanzl. Mikroorganismen
1130 Dibelius-Kümmel, Jesus
1131 Scholz-Schöneberg, Einführung in die Zahlentheorie
1132 Frühauf, Überspannungen und Überspannungsschutz
1134 Kuckuck, Pflanzenzüchtung I
1135 Lehnert, Beowulf
1137 Heil, Entwicklungsgeschichte des Pflanzenreiches
1138 Hämmerling, Fortpflanzung im Tier- und Pflanzenreich
1140 Unger, Induktionsmaschinen
1141 Koller, Hormone
1142 Meissner-Lehnert, Shakespeare
1144 Gehler-Herberg, Festigkeitslehre I

1145/1145a Herberg-Dimitrov, Festigkeitslehre II
1146 Putz, Synchronmaschine
1147 v. Waltershausen, Kunst des Dirigierens
1148 Pepping, Der polyphone Satz I
1152 Dehnert, Verkehrswasserbau III
1153/1153a Mellerowicz, Allgemeine Betriebswirtschaftslehre II
1154/1154a Mellerowicz, Allgemeine Betriebswirtschaftslehre III
1155 Schwartz, Mikrobiologie I
1156/1156a Meinke, Komplexe Berechn. v. Wechselstromschalt.
1157 Schwartz, Mikrobiologie II
1158 Mayrhofer, Sanskrit-Grammatik
1159 Jungbluth, Gießereitechnik I
1160 Dibelius-Kümmel, Paulus
1161 Kaestner, Spinnentiere
1162 Seidel, Entwicklungsphysiologie der Tiere I
1163 Seidel, Entwicklungsphysiologie der Tiere II
1164/1164a Pepping, Der polyphone Satz II
1165/1165a Bechert-Gerthsen, Atomphysik IV
1169 Paulsen, Allgemeine Volkswirtschaftslehre I
1170 Paulsen, Allgemeine Volkswirtschaftslehre II
1171 Paulsen, Allgemeine Volkswirtschaftslehre III
1172 Paulsen, Allgemeine Volkswirtschaftslehre IV
1173 Hamann-Funke-Hermann, Chemie der Kunststoffe
1176/1176a Lorenzen, Formale Logik
1178/1178a Kuckuck, Pflanzenzüchtung II
1179/1179a Strubecker, Differentialgeometrie II
1180/1180a Strubecker, Differentialgeometrie III
1181 Franz, Topologie I
1183/1183a Nicolas, Finanzmathematik
1184 Endres, Verbrennungsmot. II
1185 Endres, Verbrennungsmot. III
1186/1186a Mellerowicz, Allgemeine Betriebswirtschaftslehre IV
1187 Lau, Luther
1188/1188a Lehmann, Photogrammetrie
1189/1189a Päsler, Mechanik deformierbarer Körper
1190 Stupperich, Melanchthon
1191/1191a Bräuer, Slav. Sprachwissenschaft I
1193 Fürstenberg, Wirtschaftssoziologie
1194 Wendt, Gesch. d. Volkswirtschaftslehre
1195 Ohm, Allgem. Volkswirtschaftspolitik I
1196 Ohm, Allgem. Volkswirtschaftspolitik II
1197/1197a Onasch, Einf. in die Konfessionskunde der orthod. Kirchen
1198 Engel, Grundlagen der Straßenverkehrstechnik
1199/1199a Lausberg, Romanische Sprachwissenschaft III
1200 Lausberg, Romanische Sprachwissenschaft IV
1201/1201a Dehn, Versuche zur allgem. u. phys. Chemie
1202 Nagel, Gesch. des christl. Gottesdienstes
1204 Scheurig, Zeitgeschichte
1205 Hofmann, Ideengesch. d. soz. Bewegung

Autorenregister

FSC
www.fsc.org
MIX
Papier | Fördert
gute Waldnutzung
FSC® C083411

Zeilfracht Medien GmbH
Ferdinand-Jühlke-Straße 7
99095 Erfurt, Deutschland
produktsicherheit@kolibri360.de